I0058405

HERMANN RECKNAGELS
HILFSTAFELN ZUR BERECHNUNG
VON
WARMWASSERHEIZUNGEN.

VOLLSTÄNDIG NEU BEARBEITET

VON

Dipl.-Ing. OTTO GINSBERG

BERATENDER INGENIEUR, HANNOVER

5. AUFLAGE

MÜNCHEN UND BERLIN 1929

VERLAG VON R. OLDENBOURG

Inhaltsverzeichnis.

Tafel 1.

Leistung der Kessel für Warmwasserheizungen

nach den Regeln des Verbandes der Centralheizungs-Industrie unter Berücksichtigung eines Verlustes in den Rohrleitungen von 5—15% der Nutzwärme der Heizkörper.

Kessel ohne Feuerzüge	12000 WE/m²/h
» mit nur steigenden Feuerzügen	10000 »
» mit fallenden Feuerzügen	8000 »

Bei Etagenheizungen sind die Verluste wesentlich höher, sie erreichen mitunter 60% der Nutzleistung.

Für das Anheizen kann die Kesselleistung bis 20% gesteigert werden.

Bei minderwertigen Brennstoffen wie Holz, Torf, Braunkohle usw. sind die Zahlen nach Angabe der Lieferwerke zu verringern.

Tafel 2.

Wärmeabgabezahl der Heizkörper (WE/m², 1°, h) *)

bei etwa 60° Temperaturgefälle zwischen Wasser und Raumluft.

1. Radiatoren, altes Modell
1- und 2-säulig,	500 mm Nabenabstand	. . . .	7,0
	900 » »	. . . .	6,6
	1100 » »	. . . .	6,4
3- und 4-säulig,	500 » »	. . . .	6,2
	900 » »	. . . .	5,8
	1100 » »	. . . .	5,6

2. Radiatoren, neues sog. Leichtmodell für alle Höhen
schmale Ausführung	. . . .	6,8
breite »	. . . .	6,0

3. Schlangen und Register aus glatten Rohren
unter 50 mm ä. D.	. . . .	9,3—11,6
von 50—70 mm ä. D.	. . . .	8,9—11,1
darüber	. . . .	8,5—10,6

4. Rippenheizkörper, bis 5 Glieder übereinander 4,5

5. Rippenrohrstränge (einfach) 5,5

*) Diese Zahlen stimmen nicht genau mit denen des V. d. C. I. überein.

Tafel 3.

Wärmeabgabe der 2-säuligen Radiatoren von 900 mm Nabenabstand

bei verschiedenen Temperaturverhältnissen, unter Berücksichtigung der Veränderlichkeit der Abgabezahl.[*]

Vorlauftemp. . .	95			90			85			80		
Rücklauftemp. . .	75	70	65	70	65	60	65	60	55	60	55	50
Raumtemperatur												
10	510	491	472	472	453	434	434	415	396	396	377	358
15	472	453	434	434	415	396	396	377	358	358	339	320
20	434	415	396	396	377	358	358	339	320	320	301	282
25	396	377	358	358	339	320	320	301	282	282	263	244

Tafel 4.

Wärmeabgabe der breiten Leichtradiatoren

unter den Bedingungen der Tafel 3.

Vorlauftemp. . .	95			90			85			80		
Rücklauftemp. . .	75	70	65	70	65	60	65	60	55	60	55	50
Raumtemperatur												
10	465	447	430	430	412	395	395	377	360	360	342	325
15	430	412	395	395	377	360	360	342	325	325	307	290
20	395	377	360	360	342	325	325	307	290	290	272	255
25	360	342	325	325	307	290	290	272	255	255	237	220

Tafel 5.

Wärmeabgabe der Rohrregister und Schlangen ($k = 10,5$)

unter den Bedingungen der Tafel 3.

Vorlauftemp. . .	95			90			85			80		
Rücklauftemp. . .	75	70	65	70	65	60	65	60	55	60	55	50
Raumtemperatur												
10	810	780	750	750	720	690	690	660	630	630	600	570
15	750	720	690	690	660	630	630	600	570	570	540	510
20	690	660	630	630	600	570	570	540	510	510	480	450
25	630	600	570	570	540	510	510	480	450	450	420	390

Tafel 6.

Wärmeabgabe der Rippenheizkörper ($k = 4,5$)

unter den Bedingungen der Tafel 3.

Vorlauftemp. . .	95			90			85			80		
Rücklauftemp. . .	75	70	65	70	65	60	65	60	55	60	55	50
Raumtemperatur												
10	348	335	322	322	307	296	296	283	270	270	257	244
15	322	309	296	296	283	270	270	257	244	244	231	218
20	296	283	270	270	257	244	244	231	218	218	205	192
25	270	257	244	244	231	218	218	205	192	192	179	166

[*] Bei den Tafeln des V. d. C. I. ist die Veränderlichkeit der Abgabezahl mit dem Temperaturgefälle nicht berücksichtigt.

Tafel 7.

Wärmeabgabe von 1 m nacktem Rohr verschiedener Durchmesser

bei verschiedenen Temperaturgefällen, unter Berücksichtigung der Veränderlichkeit der Abgabezahl mit dem Durchmesser.

I. D.	Temperaturgefälle																
	20	25	30	35	40	45	50	55	60	65	70	75	80	85	90	95	100
14	11,66	16,52	21,38	26,24	31,10	35,96	40,82	45,68	50,54	55,40	60,26	65,12	69,98	74,84	79,70	84,56	89,42
20	13,69	19,40	25,10	30,81	36,51	42,22	47,92	53,63	59,33	65,04	70,74	76,45	82,15	87,86	93,56	99,27	104,97
25	15,89	22,51	29,13	35,75	42,37	48,99	55,61	62,23	68,85	75,47	82,09	88,71	95,33	101,95	108,57	115,19	121,81
34	18,91	26,79	34,67	42,55	50,43	58,31	66,19	74,07	81,95	89,83	97,71	105,59	113,47	121,37	129,23	137,11	144,99
39	20,94	29,67	38,39	47,12	55,84	64,57	73,29	82,02	90,74	99,47	108,19	116,92	125,64	134,37	143,09	151,82	160,54
49	24,66	34,94	45,21	55,49	65,76	76,04	86,31	96,59	106,86	117,14	127,41	137,69	147,96	158,24	168,51	178,79	189,06
65	30,43	43,11	55.79	68,47	81,15	93,83	106,51	119,19	131,87	144,55	157,53	169,91	182,59	195,27	207,95	220,63	233,31
57	26,21	37,13	48,05	58,97	69,89	80,81	91,73	102,65	113,57	124,49	135,41	146,33	157,25	168,17	179,09	190,01	200,93
64	28,42	40,26	52,09	63,93	75,76	87,60	99,43	111,27	123,10	134,94	146,77	158,61	170,44	182,28	194,11	205,95	217,78
70	30,43	43,11	55,79	68,47	81,15	93,83	106,51	119,19	131,87	144,55	157,53	169,91	182,59	195,27	207,95	220,63	233,31
82	34,84	49,36	63,87	78,39	92,90	107,42	121,93	136,45	150,96	165,48	179,99	194,51	209,02	223,54	238,05	252,57	267,00
94	39,23	55,58	71,92	88,27	104,61	120,96	137,30	153,65	169,99	186,34	202,68	219,03	235,36	251,71	268,06	284,41	300,73
106	43,30	61,34	79,38	97,42	115,46	133,50	151,54	169,58	187,62	205,66	223,70	241,74	259,78	277,82	295,86	313,90	331,94
119	47,69	67,56	87,43	107,30	127,17	147,04	166,91	186,78	206,65	226,52	246,39	266,26	286,13	306,00	325,87	345,74	365,61
131	52,09	73,80	95,50	117,21	138,91	160,62	182,32	204,03	225,73	247,44	269,14	290,85	312,55	334,26	355,96	377,67	399,37
143	56,15	79,55	102,94	126,34	149,73	173,13	196,52	219,92	243,31	266,71	290,10	313,50	336,89	360,29	383,68	407,08	430,47
156	60,55	85,78	111,01	136,24	161,47	186,70	211,93	237,16	262,39	287,62	312,85	338,08	363,31	388,54	413,77	439,00	464,23
169	64,96	92,03	119,09	146,16	173,22	200,29	227,35	254,42	281,48	308,53	335,61	362,68	389,74	416,81	443,87	470,94	498,00
192	73,42	104,01	134,60	165,19	195,78	226,37	256,96	287,55	318,14	348,73	379,32	409,91	440,50	471,09	501,68	532,27	562,86
216	82,21	116,47	150,72	184,98	219,22	253,49	287,74	322,00	356,25	390,51	424,76	459,02	493,27	527,53	561,78	596,04	630,29
241	90,67	128,45	166,23	204,01	241,79	279,57	317,35	355,13	392,91	430,69	468,47	506,25	544,03	581,81	619,59	657,37	695,15
264	99,13	140,44	181,74	223,05	264,35	305,66	346,96	388,27	429,57	470,88	512,18	553,49	594,79	636,10	677,40	718,71	760,01
290	107,93	152,90	197,87	242,84	287,81	332,78	377,75	422,72	467,69	512,66	557,63	602,60	647,57	692,54	737,51	782,48	827,45

Tafel 8.

Wärmeübergangszahl von Dampf bzw. Wasser durch Kupfer- und Eisenschlangen an bewegtes Wasser

bei Wassergeschwindigkeiten von 0,1—2,0 m/s.

Eine Geschwindigkeit von 0,2 m/s wird in der Regel auch ohne Zwangslauf durch den natürlichen Umtrieb entstehen. Diese Geschwindigkeit ist auf der einen Seite bei Wasser als Heizmittel als vorhanden angenommen.

$v =$	0,1	0,2	0,3	0,4	0,5	0,75	1,0	1,25	1,50	1,75	2,0
Dampf durch											
Kupfer	785	975	1120	1230	1330	1530	1680	1830	1930	2040	2140
Eisen	750	920	1040	1140	1220	1385	1520	1630	1710	1800	1870
Wasser durch											
Kupfer	480	545	590	620	640	685	715	740	755	770	785
Eisen	470	530	565	595	615	655	680	705	720	735	745

Tafel 9.

Gewicht eines m³ Wassers in kg bei Temperaturen von 51 bis 120° C.

(Bearbeitet nach der Hütte.)

Temp. °C	Gewicht kg	Temp. °C	Gewicht kg	Temp. °C	Gewicht kg	Temp. °C	Gewicht kg	Temp. °C	Gewicht kg	Temp. °C	Gewicht kg	Temp. °C	Gewicht kg
51	987,6	61	982,7	71	977,2	81	971,2	91	964,6	101	957,7	111	950,2
52	987,2	62	982,1	72	976,6	82	970,6	92	963,9	102	956,9	112	949,5
53	986,7	63	981,6	73	976,0	83	970,0	93	963,3	103	956,2	113	948,7
54	986,2	64	981,1	74	975,5	84	969,3	94	962,6	104	955,4	114	948,0
55	985,7	65	980,6	75	974,9	85	968,7	95	961,9	105	954,7	115	947,2
56	985,2	66	980,0	76	974,3	86	968,0	96	961,2	106	953,9	116	946,5
57	984,7	67	979,5	77	973,7	87	967,3	97	960,5	107	953,2	117	945,7
58	984,2	68	978,9	78	973,0	88	966,7	98	959,8	108	952,4	118	945,0
59	983,7	69	978,4	79	972,4	89	966,0	99	959,1	109	951,7	119	944,2
60	983,2	70	977,8	80	971,8	90	965,3	100	958,4	110	951,0	120	943,5

Durch Subtraktion zweier Tafelwerte erhält man den Druckunterschied von zwei 1 m hohen Wassersäulen bei den entsprechenden Temperaturen, ausgedrückt in mm W.-S. oder kg/m².

Tafel 10.

Gewicht eines m³ Wasser in kg bei Temperaturen von 50° bis 95° C.

Temp. °C	Gewicht kg	Temp. °C	Gewicht kg	Temp. °C	Gewicht kg	Temp. °C	Gewicht kg	Temp. °C	Gewicht kg	Temp. °C	Gewicht kg	Temp. °C	Gewicht kg
50,0	988,07	61,0	982,72	67,0	979,50	73,0	976,07	79,0	972,45	85,0	968,65	91,0	964,67
50,2	987,98	61,1	982,67	67,1	979,44	73,1	976,01	79,1	972,39	85,1	968,59	91,1	964,60
50,4	987,89	61,2	982,62	67,2	979,39	73,2	975,95	79,2	972,33	85,2	968,52	91,2	964,53
50,6	987,79	61,3	982,56	67,3	979,33	73,3	975,89	79,3	972,26	85,3	968,46	91,3	964,47
50,8	987,70	61,4	982,51	67,4	979,28	73,4	975,83	79,4	972,20	85,4	968,39	91,4	964,40
51,0	987,61	61,5	982,46	67,5	979,22	73,5	975,77	79,5	972,14	85,5	968,33	91,5	964,33
51,2	987,52	61,6	982,41	67,6	979,16	73,6	975,71	79,6	972,08	85,6	968,26	91,6	964,26
51,4	987,43	61,7	982,36	67,7	979,11	73,7	975,65	79,7	972,02	85,7	968,20	91,7	964,19
51,6	987,33	61,8	982,30	67,8	979,05	73,8	975,60	79,8	971,95	85,8	968,13	91,8	964,13
51,8	987,24	61,9	982,25	67,9	979,00	73,9	975,54	79,9	971,89	85,9	968,07	91,9	964,06
52,0	987,15	62,0	982,20	68,0	978,94	74,0	975,48	80,0	971,83	86,0	968,00	92,0	963,99
52,2	987,06	62,1	982,15	68,1	978,88	74,1	975,42	80,1	971,77	86,1	967,93	92,1	963,92
52,4	986,97	62,2	982,10	68,2	978,83	74,2	975,36	80,2	971,71	86,2	967,87	92,2	963,85
52,6	986,87	62,3	982,04	68,3	978,77	74,3	975,30	80,3	971,64	86,3	967,80	92,3	963,79
52,8	986,78	62,4	981,99	68,4	978,72	74,4	975,24	80,4	971,58	86,4	967,74	92,4	963,72
53,0	986,69	62,5	981,94	68,5	978,66	74,5	975,18	80,5	971,52	86,5	967,67	92,5	963,65
53,2	986,59	62,6	981,89	68,6	978,60	74,6	975,12	80,6	971,46	86,6	967,60	92,6	963,58
53,4	986,50	62,7	981,83	68,7	978,55	74,7	975,06	80,7	971,40	86,7	967,54	92,7	963,51
53,6	986,40	62,8	981,78	68,8	978,49	74,8	975,01	80,8	971,33	86,8	967,47	92,8	963,44
53,8	986,31	62,9	981,72	68,9	978,44	74,9	974,95	80,9	971,27	86,9	967,41	92,9	963,37
54,0	986,21	63,0	981,67	69,0	978,38	75,0	974,89	81,0	971,21	87,0	967,34	93,0	963,30
54,2	986,11	63,1	981,62	69,1	978,32	75,1	974,83	81,1	971,15	87,1	967,27	93,1	963,23
54,4	986,02	63,2	981,56	69,2	978,27	75,2	974,77	81,2	971,08	87,2	967,21	93,2	963,16
54,6	985,92	63,3	981,51	69,3	978,21	75,3	974,71	81,3	971,02	87,3	967,14	93,3	963,10
54,8	985,83	63,4	981,45	69,4	978,16	75,4	974,65	81,4	970,95	87,4	967,08	93,4	963,03
55,0	985,73	63,5	981,40	69,5	978,10	75,5	974,59	81,5	970,89	87,5	967,01	93,5	962,96
55,2	985,63	63,6	981,35	69,6	978,04	75,6	974,53	81,6	970,83	87,6	966,94	93,6	962,89
55,4	985,54	63,7	981,29	69,7	977,98	75,7	974,47	81,7	970,76	87,7	966,88	93,7	962,82
55,6	985,44	63,8	981,24	69,8	977,93	75,8	974,41	81,8	970,70	87,8	966,81	93,8	962,75
55,8	985,35	63,9	981,18	69,9	977,87	75,9	974,35	81,9	970,63	87,9	966,75	93,9	962,68
56,0	985,25	64,0	981,13	70,0	977,81	76,0	974,29	82,0	970,57	88,0	966,68	94,0	962,61
56,2	985,15	64,1	981,08	70,1	977,75	76,1	974,23	82,1	970,51	88,1	966,61	94,1	962,54
56,4	985,05	64,2	981,02	70,2	977,69	76,2	974,17	82,2	970,44	88,2	966,55	94,2	962,47
56,6	984,95	64,3	980,97	70,3	977,64	76,3	974,10	82,3	970,38	88,3	966,48	94,3	962,41
56,8	984,85	64,4	980,91	70,4	977,58	76,4	974,04	82,4	970,31	88,4	966,42	94,4	962,34
57,0	984,75	64,5	980,86	70,5	977,52	76,5	973,98	82,5	970,25	88,5	966,35	94,5	962,27
57,2	984,65	64,6	980,81	70,6	977,46	76,6	973,92	82,6	970,19	88,6	966,28	94,6	962,20
57,4	984,55	64,7	980,75	70,7	977,40	76,7	973,86	82,7	970,13	88,7	966,21	94,7	962,13
57,6	984,45	64,8	980,70	70,8	977,35	76,8	973,80	82,8	970,06	88,8	966,15	94,8	962,06
57,8	984,35	64,9	980,64	70,9	977,29	76,9	973,74	82,9	970,00	88,9	966,08	94,9	961,99
58,0	984,25	65,0	980,59	71,0	977,23	77,0	973,68	83,0	969,94	89,0	966,01	95,0	961,92
58,2	984,15	65,1	980,54	71,1	977,17	77,1	973,62	83,1	969,88	89,1	965,94		
58,4	984,05	65,2	980,48	71,2	977,11	77,2	973,56	83,2	969,81	89,2	965,88		
58,6	983,95	65,3	980,43	71,3	977,06	77,3	973,49	83,3	969,75	89,3	965,81		
58,8	983,85	65,4	980,37	71,4	977,00	77,4	973,43	83,4	969,68	89,4	965,75		
59,0	983,75	65,5	980,32	71,5	976,94	77,5	973,37	83,5	969,62	89,5	965,68		
59,2	983,65	65,6	980,27	71,6	976,88	77,6	973,31	83,6	969,56	89,6	965,61		
59,4	983,55	65,7	980,21	71,7	976,72	77,7	973,25	83,7	969,49	89,7	965,54		
59,6	983,45	65,8	980,16	71,8	976,67	77,8	973,19	83,8	969,43	89,8	965,48		
59,8	983,34	65,9	980,10	71,9	976,61	77,9	973,13	83,9	969,36	89,9	965,41		
60,0	983,24	66,0	980,05	72,0	976,55	78,0	973,07	84,0	969,30	90,0	965,34		
60,1	983,19	66,1	979,99	72,1	976,59	78,1	973,01	84,1	969,24	90,1	965,27		
60,2	983,14	66,2	979,94	72,2	976,53	78,2	972,95	84,2	969,17	90,2	965,21		
60,3	983,08	66,3	979,88	72,3	976,48	78,3	972,88	84,3	969,11	90,3	965,14		
60,4	983,03	66,4	979,83	72,4	976,42	78,4	972,82	84,4	969,04	90,4	965,08		
60,5	982,98	66,5	979,77	72,5	976,36	78,5	972,76	84,5	968,98	90,5	965,01		
60,6	982,93	66,6	979,72	72,6	976,30	78,6	972,70	84,6	968,91	90,6	964,94		
60,7	982,88	66,7	979,66	72,7	976,24	78,7	972,64	84,7	968,85	90,7	964,87		
60,8	982,82	66,8	979,61	72,8	976,19	78,8	972,57	84,8	968,78	90,8	964,81		
60,9	982,77	66,9	979,55	72,9	976,13	78,9	972,51	84,9	968,72	90,9	964,74		

Durch Subtraktion zweier Tafelwerte erhält man den Druckunterschied von zwei 1 m hohen Wassersäulen bei den entsprechenden Temperaturen, ausgedrückt in mm W.-S. oder kg/m².

Tafel 11.

Verfügbare Drucke (*a*) in mm Wassersäule oder kg/m² bei 1 m Umlaufs-
höhe und verschiedenen Temperaturunterschieden zwischen Vor- uud
Rücklauf einer Wasserleitung.

20° C Temp.-Unterschied			25° C Temp.-Unterschied			30° C Temp.-Unterschied		
Vorlauf- temp. °C	Rücklauf- temp. °C	Druck mm Wasser	Vorlauf- temp. °C	Rücklauf- temp. °C	Druck mm Wasser	Vorlauf- temp. °C	Rücklauf- temp. °C	Druck mm Wasser
95	75	13,0	95	70	15,9	95	65	18,7
90	70	12,5	90	65	15,3	90	60	17,9
85	65	11,9	85	60	14,5	85	55	17,0
80	60	11,4	80	55	13,9	80	50	16,3

Tafel 12.

Widerstandszahlen für die Einzelwiderstände.

1. Kessel 2,5
2. Radiatoren 3,0
3. Flanschenventil 7,0
4. Schrägsitzventile 2,0
5. T-Stück, Durchgangsrichtung 1,0
6. desgl., Abzweig 1,5
7. „ Gegenlauf 3,0
8. Hosenstück 1,5
9. Überbogen 0,5

10. Geschwindigkeitssteigerung:
   a) bezogen auf die größere Geschwindigkeit v_2 bei

   Übergangsstücken $1 - \left(\dfrac{v_1}{v_2}\right)^2$

   Übergangsflanschen $2 - \left(\dfrac{v_1}{v_2}\right)^2$

   b) bezogen auf die kleinere Geschwindigkeit v_1 bei

   Übergangsstücken $\left(\dfrac{v_2}{v_1}\right)^2 - 1$

   Übergangsflanschen $2\left(\dfrac{v_2}{v_1}\right)^2 - 1$

11. Rückbogen eng 2,0
12. desgl. weit 1,0
13. Regulierventile je nach Bauart 5—30 nach Angaben der Lieferfirma.

Gegenstand	$d = 14,5$	20,0	25,5	34,0	39,5	49,5
Knie	2,0	2,0	1,5	1,5	1,0	1,0
Bogen	1,5	1,5	1,0	1,0	0,5	0,5
Eckhahn	7,0	4,0	4,0	4,0	—	—
Durchgangshahn	4,0	2,0	2,0	2,0	—	—
Absperrschieber	1,5	0,5	0,5	0,5	0,5	0,5
Drosselklappe	3,5	2,0	2,0	1,5	1,5	1,0
Strangventil	16,0	10,0	9,0	9,0	8,0	7,0

p	d = 11,25	14,5	20,0	25,5	34,0	39,5	49,5	65,5
0,02	14	38	138	562	1112	1676	3102	6678
	0,0002	0,0005	0,0020	0,0084	0,0150	0,0187	0,0260	0,0393
0,04	28	77	276	733	1611	2428	4503	9692
	0,0008	0,0022	0,0078	0,0206	0,0315	0,0393	0,0548	0,0829
0,06	42	115	414	912	2003	3019	5600	12054
	0,0018	0,0049	0,0176	0,0319	0,0488	0,0608	0,0848	0,1282
0,08	56	154	547	1064	2338	3525	6537	14072
	0,0031	0,0086	0,0304	0,0435	0,0664	0,0829	0,1155	0,1746
0,10	70	192	618	1200	2637	3974	7372	15864
	0,0049	0,0135	0,0387	0,0553	0,0845	0,1053	0,1469	0,2215
0,12	84	230	682	1323	2912	4389	8137	17511
	0,0070	0,0194	0,0472	0,0674	0,1030	0,1288	0,1791	0,2707
0,14	97	268	740	1438	3159	4762	8831	19010
	0,0096	0,0264	0,0555	0,0794	0,1213	0,1512	0,2109	0,3188
0,16	111	306	794	1545	3394	5116	9489	20424
	0,0125	0,0345	0,0641	0,0916	0,1400	0,1746	0,2435	0,3680
0,18	125	345	846	1646	3616	5451	10104	21758
	0,0158	0,0468	0,0727	0,1040	0,1589	0,1982	0,2764	0,4177
0,20	139	372	896	1742	3727	5769	10698	23027
	0,0195	0,0507	0,0815	0,1165	0,1780	0,2219	0,3095	0,4678
0,22	153	391	943	1834	4028	6074	11253	24238
	0,0236	0,0562	0,0903	0,1291	0,1972	0,2459	0,3429	0,5183
0,24	167	410	988	1921	4221	6361	11799	25398
	0,0281	0,0617	0,0991	0,1417	0,2165	0,2700	0,3765	0,5690
0,26	181	428	1032	2006	4407	6642	12318	26516
	0,0330	0,0673	0,1080	0,1544	0,2360	0,2943	0,4104	0,6202
0,28	194	446	1049	2087	4586	6913	12819	27594
	0,0383	0,0428	0,1170	0,1673	0,2555	0,3187	0,4444	0,6717
0,30	208	462	1114	2166	4759	7174	13304	28636
	0,0440	0,0784	0,1260	0,1801	0,2752	0,3512	0,4786	0,7234
0,35	243	562	1210	2353	5170	7794	14454	31110
	0,0598	0,0926	0,1487	0,2126	0,3248	0,4051	0,5649	0,8538
0,40	270	539	1301	2528	5555	8374	15530	33427
	0,0735	0,1069	0,1717	0,2455	0,3750	0,4677	0,6522	0,9857
0,45	287	574	1386	2694	5921	8925	16552	35627
	0,0835	0,1214	0,1950	0,2788	0,4260	0,5313	0,7409	1,120
0,50	304	608	1466	2850	6256	9441	17509	37687
	0,0935	0,1359	0,2182	0,3120	0,4753	0,5945	0,8290	1,253
0,55	319	640	1543	3000	6593	9746	18430	39669
	0,1036	0,1505	0,2417	0,3457	0,5281	0,6586	0,9185	1,388
0,60	335	670	1618	3144	6908	10413	19311	41567
	0,1137	0,1653	0,2654	0,3795	0,5799	0,7232	1,009	1,524
0,65	350	700	1689	3282	7213	10872	20163	43400
	0,1239	0,1802	0,2894	0,4138	0,6321	0,7884	1,099	1,658
0,70	364	729	1757	3416	7506	11313	20981	45161
	0,1342	0,1915	0,3133	0,4480	0,6845	0,8536	1,190	1,799
0,75	378	756	1824	3545	7789	11741	21774	46867
	0,1445	0,2101	0,3375	0,4825	0,7372	0,9195	1,282	1,938
0,80	391	783	1888	3670	8064	12155	22542	48521
	0,1549	0,2252	0,3617	0,5172	0,7901	0,9854	1,374	2,077
0,85	404	809	1950	3791	8331	12558	23289	50128
	0,1653	0,2403	0,3851	0,5520	0,8433	1,052	1,467	2,217
0,90	417	834	2011	3910	8591	12950	24017	51695
	0,1758	0,2616	0,4105	0,5870	0,8969	1,119	1,560	2,357
0,95	427	858	2064	4012	8817	13290	24646	53050
	0,1851	0,2692	0,4333	0,6182	0,9445	1,178	1,643	2,483
1,00	441	882	2129	4138	9092	13704	25415	54706
	0,1969	0,2862	0,4598	0,6574	1,004	1,253	1,747	2,640
1,2	478	951	2348	4694	10028	15115	28032	60339
	0,2396	0,3326	0,5593	0,7998	1,222	1,524	2,125	3,212
v = W:	7200	11880	22610	36790	65380	88200	138530	243360

widerstände ($\xi = 1$) der Muffenrohre
20° Temperaturunterschied zwischen Vorlauf und Rücklauf.

p	d = 11,25	14,5	20,0	25,5	34,0	39,5	49,5	65,5
1,4	522	1045	2520	4898	10764	16224	30090	64766
	0,2760	0,4012	0,6445	0,9214	1,408	1,756	2,448	3,700
1,6	567	1137	2740	5372	11706	17644	32722	70432
	0,3264	0,4745	0,7621	1,090	1,665	2,076	2,895	4,376
1,8	605	1211	2919	5675	12470	18797	34860	75036
	0,3705	0,5385	0,8650	1,237	1,890	2,357	3,286	4,967
2,0	640	1282	3090	6006	13198	19893	36891	79416
	0,4149	0,6031	0,9687	1,385	2,116	2,639	3,681	5,563
2,5	721	1443	3479	6764	14862	23402	41547	91512
	0,5262	0,7650	1,229	1,757	2,684	3,347	4,668	7,055
3,0	794	1594	3842	7469	16412	24738	45879	98752
	0,6417	0,9328	1,498	2,142	3,273	4,082	5,692	8,603
3,5	864	1731	4174	8114	17830	26865	49842	107285
	0,7573	1,101	1,768	2,528	3,863	4,813	6,718	10,15
4,0	929	1860	4485	8718	19158	28876	53552	115272
	0,8743	1,271	2,041	2,919	4,459	5,561	7,765	11,72
4,5	991	1986	4787	9306	20440	30822	57162	123037
	0,9961	1,448	2,326	3,325	5,080	6,336	8,836	13,35
5,0	1047	2098	5057	9830	21599	32557	60378	129963
	1,111	1,616	2,595	3,710	5,668	7,069	9,859	14,90
5,5	1102	2207	5322	10346	22735	34269	63554	136797
	1,231	1,790	2,875	4,111	6,280	7,833	10,92	16,51
6,0	1155	2314	5578	10842	23825	35910	66598	143352
	1,352	1,966	3,157	4,514	6,739	8,061	12,00	18,83
6,5	1206	2415	5823	11318	24872	37490	69526	149656
	1,474	2,142	3,441	4,920	7,516	9,374	13,07	19,76
7,0	1254	2513	6059	11778	25841	39014	72352	155736
	1,596	2,320	3,726	5,328	8,140	10,15	14,16	21,40
7,5	1302	2608	6289	12224	26861	40487	75086	161624
	1,719	2,499	4,013	5,738	8,766	11,19	15,25	23,04
8,0	1348	2700	6514	12755	27810	41917	77738	167328
	1,842	2,678	4,301	6,150	9,396	11,72	16,34	24,70
8,5	1393	2790	6726	13074	28730	43303	80312	172876
	1,962	2,858	4,591	6,565	10,03	12,51	17,44	26,39
9,0	1436	2877	6938	13482	29627	44657	82819	178266
	2,091	3,040	4,882	6,981	10,67	13,30	18,59	28,03
9,5	1478	2962	7141	13880	30501	45974	85261	183524
	2,216	3,222	5,174	7,399	11,30	14,43	19,66	29,71
10,0	1520	3045	7340	14269	31354	47259	87646	188657
	2,342	3,404	5,468	7,818	11,94	14,90	20,77	31,40
12	1683	3358	8096	15738	34582	52126	96669	208080
	2,849	4,141	6,652	9,511	14,53	18,12	25,27	38,19
14	1822	3648	8796	17098	37570	56630	105026	226064
	3,362	4,888	7,851	11,23	17,15	21,39	29,83	45,08
16	1957	3919	9450	18370	40367	60846	112840	242891
	3,882	5,643	9,063	12,96	19,80	24,69	34,44	52,04
18	2085	4176	10068	19571	43005	64820	120216	258763
	4,406	6,404	10,29	14,71	22,47	28,02	38,19	59,07
20	2206	4419	10655	20712	45512	68602	127224	273846
	4,933	7,173	11,52	16,47	25,17	31,39	43,77	66,15
22	2322	4651	11215	21805	47905	72206	133912	288247
	5,467	7,947	12,76	18,24	27,88	34,77	48,50	73,29
24	2434	4876	11757	22854	50162	75698	140384	302175
	6,008	8,734	14,03	20,02	30,64	38,22	53,30	80,55
26	2541	5089	12270	23850	52408	78965	146504	315338
	6,543	9,511	15,28	21,84	33,37	41,62	58,04	87,72
28	2644	5295	12768	24819	54538	82206	152456	328152
	7,085	10,30	16,54	23,66	36,14	45,07	62,86	95,00
30	2744	5495	13250	25756	56596	87296	158208	
	7,630	11,09	17,82	25,47	38,92	48,54	67,69	
$v = W$:	7200	11880	22610	36790	65380	88200	138530	243360

2

p	$d = 57{,}5$	64	70	82,5	94,5	106,5	119	131
0,02	3676	6266	8008	12552	18200	25248	34216	44564
	0,0325	0,0379	0,0434	0,0552	0,0675	0,0805	0,0948	0,1092
0,04	6788	9096	11624	18216	26424	36648	49664	64600
	0,0684	0,0801	0,0914	0,1163	0,1421	0,1695	0,1997	0,2301
0,06	8640	11312	14456	22656	32856	45576	61768	80320
	0,1058	0,1238	0,1413	0,1799	0,2198	0,2622	0,3089	0,3558
0,08	9856	13200	16872	26448	38352	53184	72096	93760
	0,1442	0,1687	0,1925	0,2451	0,2995	0,3570	0,4208	0,4848
0,10	11112	14888	19024	29816	43240	59432	81280	105760
.	0,1833	0,2145	0,2447	0,3116	0,3807	0,4458	0,5530	0,6162
0,12	12272	16440	21008	32928	47752	66240	89760	116720
	0,2236	0,2616	0,2984	0,3801	0,4643	0,5538	0,6525	0,7516
0,14	13312	17840	22792	35728	51816	71880	97440	126720
	0,2632	0,3080	0,3514	0,4475	0,5467	0,6521	0,7682	0,8849
0,16	14304	19168	24448	38392	55672	77224	104640	136080
	0,3039	0,3555	0,4056	0,5165	0,6310	0,7527	0,8868	1,022
0,18	15240	20416	26096	40896	59312	82240	111520	145040
	0,3449	0,4034	0,4604	0,5863	0,7163	0,8546	1,007	1,159
0,20	16128	22608	27616	43280	62768	87040	118000	153440
	0,3863	0,4519	0,5156	0,6566	0,8022	0,9568	1,127	1,298
0,22	16976	22744	29064	45560	66072	91680	124240	161520
	0,4280	0,5007	0,5713	0,7275	0,8888	1,060	1,249	1,439
0,24	17784	23832	30456	47736	69232	96000	130000	169280
	0,4699	0,5498	0,6272	0,7988	0,9758	1,164	1,371	1,580
0,26	18568	24880	31792	49840	72288	100240	135840	176720
	0,5122	0,5992	0,6837	0,8706	1,064	1,269	1,495	1,722
0,28	19328	25904	33088	51864	75216	104320	141360	183920
	0,5544	0,6492	0,7404	0,9428	1,152	1,374	1,619	1,864
0,30	20056	26872	34336	53824	78056	108240	146720	190840
	0,5973	0,6989	0,7974	1,015	1,241	1,480	1,743	2,008
0,35	21784	29192	37304	58472	84800	117600	163120	207360
	0,7051	0,8249	0,9412	1,199	1,464	1,746	2,155	2,370
0,40	23408	31368	40080	62832	91120	126400	171280	222800
	0,8140	0,9523	1.087	1,384	1,690	2,016	2,375	2,736
0,45	24952	33432	42720	66960	97120	134720	182560	237440
	0,9246	1,082	1,234	1,572	1,920	2,290	2,698	3,108
0,50	26392	35368	45192	70832	102720	142480	193120	251200
	1,035	1,210	1,381	1,759	2,149	2,563	3,019	3,478
0,55	27784	37224	47568	74560	108160	150000	203280	264400
	1,146	1,341	1,530	1,949	2,381	2,839	3,345	3,853
0,60	29112	39008	49848	78128	113280	157200	213040	277040
	1,259	1,473	1,680	2,140	2,614	3,118	3,675	4,231
0,65	30392	40728	52040	81600	118320	164080	222400	289200
	1,372	1,605	1,832	2,332	2,850	3,399	4,004	4,612
0,70	31624	42384	54152	84880	123120	170720	231440	300960
	1,486	1,738	1,983	2,525	3,085	3,680	4,336	4,994
0,75	32824	43984	56200	88080	127760	177200	240160	312420
	1,600	1,872	2,136	2,720	3,323	3,964	4,670	5,379
0,80	33984	45536	57784	91200	132340	183440	248640	323360
	1,715	2,007	2,289	2,915	3,562	4,248	5,005	5,765
0,85	35104	47040	60112	94240	136640	189520	256880	334080
	1,830	2,142	2,443	3,112	3,801	4,534	5,342	6,153
0,90	36200	48512	61992	97200	140880	195440	264880	344560
	1,947	2,278	2,599	3,309	4,043	4,822	5,681	6,544
0,95	37152	49784	63616	99680	144640	200560	271840	353520
	2,050	2,399	2,737	3,485	4,258	5,078	5,983	6,892
1,00	38312	51336	65600	102800	149120	206880	280320	364560
	2,180	2,551	2,910	3,706	4,527	5,400	6,362	7,328
1,2	42256	56624	72392	113440	164480	228160	309200	402160
	2,652	3,103	3,544	4,508	5,508	6,570	7,740	8,915
$v = W:$	187200	231800	277200	385200	504700	641500	800600	970600

stände (ξ = 1) der kleinen Siederohre
20° Temperaturunterschied zwischen Vorlauf und Rücklauf.

p	d = 57,5	64	70	82,5	94,5	106,5	119	131
1,4	45360	60776	77664	121760	176560	244880	331840	431600
	3,056	3,575	4,079	5,194	6,346	7,569	8,917	10,27
1,6	49328	66096	84480	132480	192000	266320	366880	469360
	3,614	4,228	4,824	6,143	7,505	8,951	10,55	12,15
1,8	52552	70416	90000	141040	204560	283760	384480	500080
	4,102	4,799	5,350	6,972	8,518	10,16	11,97	13,79
2,0	55608	74520	95200	149360	216480	300240	406880	529200
	4,593	5,252	6,132	7,808	9,539	11,38	13,41	15,44
2,5	62632	83920	107200	168080	243760	338160	458240	596000
	5,826	6,816	7,777	9,903	12,10	14,43	17,00	19,58
3,0	69160	92640	118400	185600	269200	373360	505000	658160
	7,104	8,312	9,483	12,08	14,75	17,57	20,73	23,88
3,5	75136	100640	128640	201680	292400	405680	549760	714960
	8,385	9,810	11,19	14,25	17,41	20,82	24,47	28,19
4,0	80720	108160	138240	216640	314240	435840	590640	768240
	9,679	11,32	12,92	16,45	20,10	23,98	28,25	32,54
4,5	86160	115440	147520	231280	335360	465200	630480	820000
	11,03	12,90	14,72	18,75	22,90	27,32	32,18	37,07
5,0	91040	122000	155840	244240	354240	491440	665920	866400
	12,30	14,40	16,42	20,92	25,55	30,48	35,91	41,36
5,5	95840	128400	164080	257120	372880	517280	700960	912000
	13,63	15,95	18,20	23,17	28,31	33,77	39,78	45,82
6,0	100400	134560	171920	269440	390720	542000	734560	955200
	14,97	17,51	19,98	25,45	31,09	37,08	43,69	50,52
6,5	104800	140480	179440	281280	407920	565840	766880	997600
	16,31	19,09	21,78	27,73	33,88	40,41	47,61	54,84
7,0	109040	146160	186720	292720	424480	588880	798000	1037600
	17,67	20,67	23,58	30,03	36,69	43,76	51,56	59,39
7,5	113200	151680	193840	303760	440560	611120	828000	1076800
	19,03	22,26	25,40	32,35	39,52	47,13	55,53	63,96
8,0	117200	157040	200640	314480	456080	632720	857600	1115200
	20,40	23,86	27,23	34,67	42,35	50,52	59,52	68,56
8,5	121040	162240	207280	324960	471200	653680	885600	1152000
	21,77	25,47	29,06	37,87	45,21	53,92	63,53	73,18
9,0	124880	167280	213760	335040	485920	674080	913600	1188000
	23,15	27,08	30,90	39,35	48,08	57,34	67,56	77,82
9,5	128480	172240	220080	344960	500240	693920	940000	1223200
	24,53	28,71	32,75	41,71	50,95	60,77	71,60	82,47
10,0	132080	177040	226240	354560	514240	713280	967200	1257600
	25,93	30,33	34,61	44,07	53,84	64,22	75,66	87,15
12	145760	195280	249520	391120	587200	786800	1036400	
	31,54	36,90	42,10	53,61	65,50	78,13	92,05	
14	158320	212160	271120	424880	616240	855200		
	37,23	43,56	49,69	63,28	77,31	92,21		
16	170080	227920	291280	456560	662080			
	42,98	50,28	57,37	73,05	89,25			
18	181300	242800	310320	486400				
	48,87	57,07	65,11	82,91				
20	191760	256960	328400	514720				
	54,63	63,91	72,92	92,86				
22	201840	270480	345680					
	60,52	70,81	80,79					
24	211600	283600	369320					
	66,52	77,82	88,79					
26	220800	295920	378160					
	72,44	84,75	96,69					
28	229840	307920						
	78,44	91,78						
30	238480	319600						
	84,48	98,84						
v = W:	187200	231800	277200	385200	504700	641500	800600	970600

2*

p	$d = 143$	156	169	192	216	241	264	290
0,02	56676	71752	89360	126720	174880	235920	302720	391520
	0,1243	0,1412	0,1589	0,1918	0,2282	0,2679	0,3064	0,3520
0,04	82120	104160	129680	183920	253920	342480	439440	568400
	0,2618	0,2975	0,3348	0,4042	0,4808	0,5646	0,6456	0,7416
0,06	102160	129520	161280	228720	315760	425920	546560	706800
	0,4049	0,4600	0,5178	0,6251	0,7436	0,8731	0,9984	1,147
0,08	119200	151200	188240	266960	368560	497120	637920	824800
	0,5517	0,6268	0,7055	0,8516	1,013	1,190	1,360	1,636
0,10	134400	170480	212240	301040	415520	560520	719280	930400
	· 0,7014	0,7968	0,8969	1,083	1,288	1,512	1,729	1,986
0,12	148400	188240	234400	332400	458880	619040	794320	1027200
	0,8554	0,9717	1,094	1,320	1,571	1,844	2,109	2,423
0,14	161040	204240	254400	360720	497920	672680	861600	1114400
	1,007	1,144	1,288	1,555	1,849	2,171	2,483	2,853
0,16	173040	219440	273280	387520	534960	721680	927400	1197600
	1,163	1,321	1,487	1,795	2,135	2,507	2,866	3,293
0,18	184320	233840	291200	412880	569920	768800	986400	1276000
	1,320	1,499	1,687	2,037	2,423	2,845	3,253	3,737
0,20	195120	247440	308160	436960	603160	813600	1044000	1350400
	1,478	1,679	1,890	2,281	2,714	3,186	3,644	4,186
0,22	205360	260480	324320	459920	634880	856800	1099200	1421600
	1,637	1,860	2,094	2,527	3,007	3,530	4,037	4,637
0,24	215200	272960	339840	481920	665280	897600	1151200	1489600
	1,798	2,042	2,299	2,775	3,301	3,876	4,433	5,092
0,26	224640	284960	354800	503120	694560	936800	1202400	1555200
	1,959	2,226	2,506	3,025	3,598	4,225	4,831	5,550
0,28	233760	296560	369240	523600	722800	975200	1250800	1618400
	2,122	2,411	2,714	3,276	3,897	4,575	5,230	6,010
0,30	242640	307760	383200	543360	750080	1012000	1298400	1679200
	2,285	2,596	2,923	3,528	4,197	4,927	5,632	6,473
0,35	263600	334320	416320	590320	815200	1099200	1410400	1824000
	2,698	3,064	3,450	4,164	4,953	5,816	6,648	7,640
0,40	283200	359200	447280	634320	875200	1180800	1515600	1960000
	3,114	3,538	3,982	4,807	5,719	6,714	7,678	8,820
0,45	301840	381880	476720	676000	932800	1259200	1615200	2088800
	3,538	4,019	4,524	5,461	6,496	7,627	8,722	10,02
0,50	319280	404960	504320	715120	987200	1332000	1708800	2209600
	3,958	4,497	5,062	6,110	7,269	8,535	9,760	11,21
0,55	336080	426320	530800	752720	1039200	1401600	1798400	2326400
	4,386	4,982	5,608	6,770	8,053	9,456	10,81	12,42
0,60	352160	446680	556240	788720	1088800	1468800	1884800	2437600
	4,815	5,470	6,158	7,433	8,843	10,36	11,87	13,64
0,65	367680	466400	580720	823200	1136800	1533600	1968000	2544800
	5,250	5,964	6,713	8,103	9,640	11,32	12,94	14,87
0,70	382640	485280	604320	856800	1183200	1596000	2047200	2648000
	5,683	6,457	7,269	8,774	10,44	12,26	14,01	16,10
0,75	397040	503680	627120	889600	1228000	1656000	2124800	2748000
	6,122	6,954	7,829	9,450	11,24	13,20	15,09	17,34
0,80	411120	521440	649280	920800	1271200	1714400	2200000	2845600
	6,561	7,454	8,391	10,13	12,05	14,15	16,18	18,58
0,85	424740	538720	670800	951200	1312800	1771200	2278800	2939200
	7,003	7,956	8,956	10,81	12,86	15,10	17,27	19,84
0,90	438000	555520	691760	979200	1353600	1826400	2344000	3031200
	7,448	8,461	9,525	11,50	13,68	16,06	18,36	21,10
0,95	451040	571920	712080	1005600	1398600	1880000	2412800	3120800
	7,844	8,910	10,03	12,11	14,40	16,91	19,34	22,21
1,00	463520	587840	732000	1038400	1432800	1932800	2480000	3208000
	8,341	9,475	10,67	12,87	15,32	17,98	20,56	23,62
1,2	511200	648400	806400	1144800	1580800	2132000	2736000	3538400
	10,15	11,53	12,98	15,66	18,63	21,88	25,02	28,74
$v = W$:	1156300	1376000	1593000	2084000	2638000	3285000	3941000	4756000

stände (ξ = 1) der großen Siederohre
20° Temperaturunterschied zwischen Vorlauf und Rücklauf.

p	d = 143	156	169	192	216	241	264	290
1,4	548720	696000	876000	1228800	1696800	2312800	2976800	3840000
	11,69	13,28	14,95	18,05	21,47	25,21	28,82	33,11
1,6	596720	756880	942400	1336800	1844800	2488800	3193600	4130400
	13,83	15,71	17,68	21,34	25,39	29,81	34,09	39,16
1,8	635760	806400	1004000	1424000	1965600	2651200	3402400	4400000
	15,69	18,24	20,07	24,22	28,82	33,83	38,69	44,45
2,0	672800	853600	1062400	1507200	2080000	2805600	3600000	4606800
	17,57	19,96	22,47	27,31	32,27	37,89	43,33	49,78
2,5	757680	960800	1196800	1696800	2342400	3160000	4054400	5244000
	22,29	25,32	28,50	34,41	40,93	48,06	54,96	63,13
3,0	836800	1061600	1321600	1873600	2586400	3489600	4477600	5791200
	27,18	30,88	34,76	41,95	49,91	58,60	67,01	76,98
3,5	908800	1152800	1436000	2036000	2810400	3790400	4864800	6291200
	32,08	36,44	41,02	49,52	58,91	69,16	79,10	90,86
4,0	976800	1238400	1542400	2187200	3019200	4072800	5226400	
	37,03	42,07	47,36	57,16	68,00	79,84	91,31	
4,5	1042400	1322400	1646400	2334400	3222400	4347200		
	42,19	47,93	53,95	65,13	77,48	90,97		
5,0	1100800	1396800	1739200	2466400	3404000			
	47,07	53,48	60,20	72,66	86,44			
5,5	1159200	1470400	1830400	2596800	3583200			
	52,16	59,25	66,70	80,51	95,77			
6,0	1214400	1540800	1918400	2720000				
	57,27	65,06	73,24	88,41				
6,5	1268000	1608000	2002400	2840000				
	62,42	70,91	79,82	96,35				
7,0	1319200	1673600	2084000					
	67,60	76,79	86,44					
7,5	1369600	1736800	2162400					
	72,80	82,70	93,10					
8,0	1417600	1798400	2239200					
	78,03	88,65	99,79					
8,5	1464800	1857600						
	83,29	94,61						
9,0	1510400							
	88,57							
9,5	1558400							
	94,30							
10,0	1598400							
	99,19							
v = W:	1156300	1376000	1593000	2084000	2638000	3285000	3941000	4756000

p	d = 11,25	14,5	20,0	25,5	34,0	39,5	49,5	65,5
0,02	17	48	173	577	1390	2091	3878	8347
	0,0002	0,0005	0,0020	0,0084	0,0150	0,0187	0,0260	0,0393
0,04	35	96	347	916	2014	3035	5629	12115
	0,0008	0,0022	0,0078	0,0206	0,0315	0,0393	0,0548	0,0829
0,06	52	144	518	1140	2504	3774	7000	15068
	0,0018	0,0049	0,0176	0,0319	0,0488	0,0608	0,0848	0,1282
0,08	70	192	684	1330	2923	4406	8171	17587
	0,0031	0,0086	0,0304	0,0435	0,0664	0,0829	0,1155	0,1746
0,10	87	240	772	1500	3296	4967	9212	19830
	0,0049	0,0135	0,0387	0,0553	0,0845	0,1053	0,1469	0,2215
0,12	105	287	852	1656	3640	5486	10174	21899
	0,0070	0,0194	0,0472	0,0674	0,1030	0,1288	0,1791	0,2707
0,14	122	335	925	1797	3949	5952	11039	23762
	0,0096	0,0264	0,0555	0,0794	0,1213	0,1512	0,2109	0,3188
0,16	139	383	993	1931	4243	6395	11861	25530
	0,0125	0,0345	0,0641	0,0916	0,1400	0,1746	0,2435	0,3680
0,18	156	431	1058	2057	4520	6814	12630	27198
	0,0158	0,0468	0,0727	0,1040	0,1589	0,1982	0,2764	0,4177
0,20	174	465	1120	2177	4784	7211	13372	28784
	0,0195	0,0507	0,0815	0,1165	0,1780	0,2219	0,3095	0,4678
0,22	191	489	1179	2292	5035	7590	14067	30298
	0,0236	0,0562	0,0903	0,1291	0,1972	0,2459	0,3429	0,5183
0,24	206	512	1235	2401	5276	7953	14749	31748
	0,0281	0,0617	0,0991	0,1417	0,2165	0,2700	0,3765	0,5690
0,26	226	535	1290	2507	5509	8303	15398	33145
	0,0330	0,0673	0,1080	0,1544	0,2360	0,2943	0,4104	0,6202
0,28	243	557	1311	2609	5732	8642	16024	34492
	0,0383	0,0728	0,1170	0,1673	0,2555	0,3187	0,4444	0,6717
0,30	260	578	1383	2707	5949	8967	16630	35795
	0,0440	0,0784	0,1260	0,1801	0,2752	0,3512	0,4786	0,7234
0,35	304	628	1513	2941	6463	9742	18067	38888
	0,0598	0,0926	0,1487	0,2126	0,3248	0,4051	0,5649	0,8538
0,40	337	674	1626	3160	6944	10467	19412	41784
	0,0735	0,1069	0,1717	0,2455	0,3750	0,4677	0,6522	0,9857
0,45	359	718	1733	3368	7401	11156	20690	44534
	0,0835	0,1214	0,1950	0,2788	0,4260	0,5313	0,7409	1,120
0,50	380	760	1833	3563	7818	11801	21886	47109
	0,0935	0,1359	0,2182	0,3120	0,4753	0,5945	0,8290	1,253
0,55	399	800	1929	3750	8241	12432	23037	49586
	0,1036	0,1505	0,2417	0,3457	0,5281	0,6586	0,9185	1,388
0,60	419	838	2022	3930	8635	13016	24139	51959
	0,1137	0,1653	0,2654	0,3795	0,5799	0,7232	1,009	1,524
0,65	437	875	2111	4103	9016	13590	25210	54250
	0,1239	0,1802	0,2894	0,4138	0,6321	0,7884	1,099	1,658
0,70	455	911	2196	4270	9382	14141	26226	56451
	0,1342	0,1951	0,3133	0,4480	0,6845	0,8536	1,190	1,799
0,75	472	945	2280	4431	9736	14676	27217	58584
	0,1445	0,2101	0,3375	0,4825	0,7372	0,9195	1,282	1,938
0,80	489	970	2360	4587	10080	15194	28177	60651
	0,1549	0,2252	0,3617	0,5172	0,7901	0,9854	1,374	2,077
0,85	505	1011	2438	4739	10414	15697	29111	62660
	0,1653	0,2403	0,3851	0,5520	0,8433	1,052	1,467	2,217
0,90	521	1043	2514	4887	10739	16187	30021	64619
	0,1758	0,2616	0,4105	0,5870	0,8969	1,119	1,560	2,357
0,95	534	1070	2580	5015	11021	16612	30808	66313
	0,1851	0,2692	0,4333	0,6182	0,9445	1,178	1,643	2,483
1,00	551	1103	2661	5172	11365	17130	31769	68382
	0,1969	0,2862	0,4598	0,6574	1,004	1,253	1,747	2,640
1,2	608	1180	2935	5705	12535	18894	35041	75424
	0,2396	0,3326	0,5593	0,7998	1,222	1,524	2,125	3,212
$v = W$:	9000	14850	28260	45990	81720	110250	173160	304200

widerstände (ξ = 1) der Muffenrohre

25° Temperaturunterschied zwischen Vorlauf und Rücklauf.

p	d = 11,25	14,5	20,0	25,5	34,0	39,5	49,5	65,5
1,4	652	1306	3150	6123	13455	20280	37612	80958
	0,2760	0,4012	0,6445	0,9214	1,408	1,756	2,448	3,700
1,6	709	1421	3425	6659	14632	22055	40902	88040
	0,3264	0,4745	0,7621	1,090	1,665	2,076	2,895	4,376
1,8	756	1514	3649	7094	15588	23496	43575	93795
	0,3705	0,5385	0,8650	1,237	1,890	2,357	3,286	4,967
2,0	800	1602	3862	7507	16497	24866	46114	99262
	0,4149	0,6031	0,9687	1,385	2,116	2,639	3,681	5,563
2,5	901	1804	4349	8455	18578	28003	51934	114390
	0,5262	0,7650	1,229	1,757	2,684	3,347	4,668	7,055
3,0	995	1992	4803	9336	20515	30923	57349	123440
	0,6417	0,9328	1,498	2,142	3,273	4,082	5,692	8,603
3,5	1080	2164	5218	10143	22288	33579	62303	134106
	0,7573	1,101	1,768	2,528	3,863	4,813	6,718	10,15
4,0	1161	2325	5606	10898	23917	36095	66949	144090
	0,8743	1,271	2,041	2,919	4,459	5,561	7,765	11,72
4,5	1239	2482	5984	11632	25561	38527	71452	153796
	0,9961	1,448	2,326	3,325	5,080	6,336	8,836	13,35
5,0	1309	2622	6321	12287	26999	40696	75473	162454
	1,111	1,616	2,595	3,710	5,668	7,069	9,859	14,90
5,5	1378	2759	6653	12933	28419	42836	79442	170996
	1,231	1,790	2,875	4,111	6,280	7,833	10,92	16,51
6,0	1444	2892	6972	13553	29781	44888	83248	179190
	1,352	1,966	3,157	4,514	6,739	8,061	12,00	18,83
6,5	1507	3019	7279	14148	31090	46862	86908	187070
	1,474	2,142	3,441	4,920	7,516	9,374	13,07	19,76
7,0	1568	3141	7574	14723	32301	48767	90440	194670
	1,596	2,320	3,726	5,328	8,140	10,15	14,16	21,40
7,5	1628	3260	7861	15280	33576	50609	93858	202030
	1,719	2,499	4,013	5,738	8,766	11,19	15,25	23,04
8,0	1685	3375	8138	15819	34762	52396	97172	209160
	1,842	2,678	4,301	6,150	9,396	11,72	16,34	24,70
8,5	1741	3487	8408	16343	35913	54129	100390	216095
	1,962	2,858	4,591	6,565	10,03	12,51	17,44	26,39
9,0	1795	3596	8670	16853	37034	55821	103524	222832
	2,091	3,040	4,882	6,981	10,67	13,30	18,59	28,03
9,5	1848	3702	8926	17350	38126	57467	106576	229405
	2,216	3,222	5,174	7,399	11,30	14,43	19,66	29,71
10,0	1900	3806	9175	17836	39192	59074	109558	235821
	2,342	3,404	5,468	7,818	11,94	14,90	20,77	31,40
12	2096	4197	10120	19672	43227	65157	120836	260100
	2,849	4,141	6,652	9,511	14,53	18,12	25,27	38,19
14	2277	4560	10995	21372	46963	70788	131282	282580
	3,362	4,888	7,851	11,23	17,15	21,39	29,83	45,08
16	2446	4899	11813	22963	50459	76057	141050	303614
	3,882	5,643	9,063	12,96	19,80	24,69	34,44	52,04
18	2606	5220	12585	24464	53756	81025	150270	323454
	4,406	6,404	10,29	14,71	22,47	28,02	38,19	59,07
20	2758	5524	13319	25890	56890	85752	159030	342308
	4,933	7,173	11,52	16,47	25,17	31,39	43,77	66,15
22	2903	5814	14019	27231	59881	90258	167390	360309
	5,467	7,947	12,76	18,24	27,88	34,77	48,50	73,29
24	3043	6095	14696	28568	62703	94622	175480	377719
	6,008	8,734	14,03	20,02	30,64	38,22	53,30	80,55
26	3176	6361	15337	29813	65510	98744	183130	394173
	6,543	9,511	15,28	21,84	33,37	41,62	58,04	87,72
28	3305	6619	15960	31024	68173	102757	190570	410190
	7,085	10,30	16,54	23,66	36,14	45,07	62,86	95,00
30	3430	6869	16562	32195	70745	109120	197760	
	7,630	11,09	17,82	25,47	38,92	48,54	67,69	
v = W:	9000	14850	28260	45990	81720	110250	173160	304200

p	$d = 57,5$	64	70	82,5	94,5	106,5	119	131
0,02	5845	7833	10010	15690	22750	31560	42770	55630
	0,0325	0,0379	0,0434	0,0552	0,0675	0,0805	0,0948	0,1092
0,04	8485	11370	14530	22770	33030	45810	62080	80750
	0,0684	0,0801	0,0914	0,1163	0,1421	0,1695	0,1997	0,2301
0,06	10800	14140	18070	28320	41070	56970	77210	100400
	0,1058	0,1238	0,1413	0,1799	0,2198	0,2622	0,3089	0,3558
0,08	12320	16500	21090	33060	47940	66800	90120	117200
	0,1442	0,1687	0,1925	0,2451	0,2995	0,3570	0,4208	0,4848
0,10	13890	18610	23780	37270	54050	75410	101600	132200
	0,1833	0,2145	0,2447	0,3116	0,3807	0,4458	0,5530	0,6162
0,12	15340	20550	26260	41160	59690	82800	112200	145900
	0,2236	0,2616	0,2984	0,3801	0,4643	0,5538	0,6525	0,7516
0,14	16640	22300	28490	44660	64770	89850	121800	158400
	0,2632	0,3080	0,3514	0,4475	0,5467	0,6521	0,7682	0,8849
0,16	17880	23990	30610	47990	69590	96590	130800	170100
	0,3039	0,3555	0,4056	0,5165	0,6310	0,7527	0,8868	1,022
0,18	19050	25520	32620	51120	74140	102800	139400	181300
	0,3449	0,4034	0,4604	0,5863	0,7163	0,8546	1,007	1,159
0,20	20160	27010	34520	54100	78460	108800	147500	191800
	0,3863	0,4519	0,5156	0,6566	0,8022	0,9568	1,127	1,298
0,22	21220	28430	36330	56950	82590	114600	155300	201900
	0,4280	0,5007	0,5713	0,7275	0,8888	1,060	1,249	1,439
0,24	22230	29790	38070	59690	86540	120000	162500	211600
	0,4699	0,5498	0,6272	0,7988	0,9758	1,164	1,371	1,580
0,26	23210	31100	39740	62300	90350	125300	169800	220900
	0,5122	0,5992	0,6837	0,8706	1,064	1,269	1,495	1,722
0,28	24160	32360	41360	64830	94020	130400	176700	229900
	0,5544	0,6492	0,7404	0,9428	1,152	1,374	1,619	1,864
0,30	25070	33590	42920	67280	97570	135300	183400	238550
	0,5973	0,6989	0,7974	1,015	1,241	1,480	1,743	2,008
0,35	27230	36490	46630	73090	106000	147000	203900	259200
	0,7051	0,8249	0,9412	1,199	1,464	1,746	2,155	2,370
0,40	29260	39210	50100	78540	113900	158000	214100	278500
	0,8140	0,9523	1,087	1,384	1,690	2,016	2,375	2,736
0,45	31190	41790	53400	83700	121400	168400	228200	296800
	0,9246	1,082	1,234	1,572	1,920	2,290	2,698	3,108
0,50	32990	44210	56490	88540	128400	178100	241400	314000
	1,035	1,210	1,381	1,759	2,149	2,563	3,019	3,478
0,55	34730	46530	59460	93200	135200	187500	254100	330500
	1,146	1,341	1,530	1,949	2,381	2.839	3,345	3,853
0,60	36390	48760	62310	97660	141600	196500	266300	346300
	1,259	1,473	1,680	2,140	2,614	3,118	3,657	4,231
0,65	37990	50910	65050	102000	147900	205100	278000	361500
	1,372	1,605	1,832	2,332	2,850	3,399	4,004	4,612
0,70	39530	52980	67690	106100	153900	213400	289300	376200
	1,486	1,738	1,983	2,525	3,085	3,680	4,336	4,994
0,75	41030	54980	70250	110100	159700	221500	300200	390400
	1,600	1,872	2,136	2,720	3,323	3,964	4,670	5,379
0,80	42480	56920	72730	114000	165300	229300	310800	404200
	1,715	2,007	2,289	2,915	3,562	4,248	5,005	5,765
0,85	43880	58800	75140	117800	170800	236900	321100	417600
	1,830	2,142	2,443	3,112	3,801	4,534	5,342	6,153
0,90	45250	60640	77490	121500	176100	244300	331100	430700
	1,947	2,278	2,599	3,309	4,043	4,822	5,681	6,544
0,95	46440	62230	79520	124600	180800	250700	339800	441900
	2,050	2,399	2,737	3,485	4,258	5,078	5,983	6,892
1,00	47890	64170	82000	128500	186400	258600	350400	455700
	2,180	2,551	2,910	3,706	4,527	5,400	6,362	7,328
1,2	52820	70780	90490	141800	205600	285200	386500	502700
	2,652	3,103	3,544	4,508	5,508	6,570	7,740	8,915
$v = W:$	234000	289800	346500	481500	630900	801900	1000800	1213200

stände ($\xi=1$) der kleinen Siederohre
25° Temperaturunterschied zwischen Vorlauf und Rücklauf.

p	$d = 57,5$	64	70	82,5	94,5	106,5	119	131
1,4	56700	75970	97680	152200	220700	306100	414800	539500
	3,056	3,575	4,079	5,194	6,346	7,569	8,912	10,27
1,6	61660	82620	105500	165500	240000	332900	451100	586700
	3,614	4,228	4,824	6,143	7,505	8,951	10,55	12,15
1,8	65690	88020	112500	176300	255700	354700	480600	625100
	4,102	4,799	5,350	6,972	8,518	10,16	11,97	13,79
2,0	69510	93150	119000	186600	270600	375300	508600	661500
	4,593	5,252	6,132	7,808	9,539	11,38	13,41	15,44
2,5	78290	104900	134000	210100	304700	422700	572800	745000
	5,826	6,816	7,777	9,903	12,10	14,43	17,00	19,58
3,0	86450	115800	148000	232000	336500	466700	632500	822700
	7,104	8,312	9,483	12,08	14,75	17,57	20,73	23,88
3,5	93920	125800	160800	252100	365500	507100	687200	893700
	8,385	9,810	11,19	14,25	17,41	20,82	24,47	28,19
4,0	100900	135200	172800	270800	392800	544800	738300	960500
	9,679	11,32	12,92	16,45	20,10	23,98	28,25	32,54
4,5	107700	144300	184400	289100	419200	581500	788100	1025000
	11,03	12,90	14,72	18,75	22,90	27,32	32,18	37,07
5,0	113800	152500	194800	305300	442800	614300	832400	1083000
	12,30	14,40	16,42	20,92	25,55	30,48	35,91	41,36
5,5	119800	160500	205100	321400	466100	646600	876200	1140000
	13,63	15,95	18,20	23,17	28,31	33,77	39,78	45,82
6,0	125500	168200	214900	336800	488400	677500	918200	1194000
	14,97	17,51	19,98	25,45	31,09	37,08	43,69	50,52
6,5	131000	175600	224300	351600	509900	707300	958600	1247000
	16,31	19,09	21,78	27,73	33,88	40,41	47,61	54,84
7,0	136300	182700	233400	365900	530600	736100	997500	1297000
	17,67	20,67	23,58	30,03	36,69	43,76	51,56	59,39
7,5	141500	189600	242300	379700	550700	763900	1035000	1346000
	19,03	22,26	25,40	32,35	39,52	47,13	55,53	63,96
8,0	146500	196300	250800	393000	570100	790900	1072000	1394000
	20,40	23,86	27,23	34,67	42,35	50,52	59,52	68,56
8,5	151300	202800	259100	406200	589000	817100	1107000	1440000
	21,77	25,47	29,06	37,87	45,21	53,92	63,53	73,18
9,0	156100	209100	267200	418800	607400	842600	1142000	1485000
	23,15	27,08	30,90	39,35	48,08	57,34	67,56	77,82
9,5	160600	215300	275100	431200	625300	867400	1175000	1529000
	24,53	28,71	32,75	41,71	50,95	60,77	71,60	82,47
10,0	165100	221300	282800	443200	642800	891600	1209000	1572000
	25,93	30,33	34,61	44,07	53,84	64,22	75,66	87,15
12	182200	244100	311900	488900	709000	983500	1333000	
	31,54	36,90	42,10	53,61	65,50	78,13	92,05	
14	197900	265200	338900	531100	770300	1069000		
	37,23	43,56	49,69	63,28	77,31	92,21		
16	212600	284900	364100	570700	827600			
	42,98	50,28	57,37	73,05	89,25			
18	226500	303500	387900	608000				
	48,87	57,07	65,11	82,91				
20	239700	321200	410500	643400				
	54,63	63,91	72,92	92,86				
22	252300	338100	432100					
	60,52	70,81	80,79					
24	264500	354500	452900					
	66,52	77,82	88,79					
26	276000	369900	472700					
	72,44	84,75	96,69					
28	287300	384900						
	78,44	91,78						
30	298100	399500						
	84,48	98,84						
$v = W$:	234000	289800	346500	481500	630900	801900	1000800	1213200

p	$d = 143$	156	169	192	216	241	269	290
0,02	70 720	89 690	111 700	158 400	218 600	294 900	378 400	489 400
	0,1243	0,1412	0,1589	0,1918	0,2282	0,2679	0,3064	0,3520
0,04	102 650	130 200	162 100	229 900	317 400	428 100	549 300	710 500
	0,2618	0,2975	0,3348	0,4042	0,4808	0,5646	0,6456	0,7416
0,06	127 700	161 900	201 600	285 900	394 700	532 400	683 200	883 500
	0,4049	0,4600	0,5178	0,6251	0,7436	0,8731	0,9984	1,147
0,08	149 000	189 000	235 300	333 700	460 700	621 400	797 400	1 031 000
	0,5517	0,6268	0,7055	0,8516	1,013	1,190	1,360	1,636
0,10	168 000	213 100	265 300	376 300	519 400	700 650	899 100	1 163 000
	0,7014	0,7968	0,8969	1,083	1,288	1,512	1,729	1,986
0,12	185 500	235 300	293 000	415 500	573 600	773 800	992 900	1 284 000
	0,8554	0,9717	1,094	1,320	1,571	1,844	2,109	2,423
0,14	201 300	255 300	318 000	450 900	622 400	839 600	1 077 000	1 393 000
	1,007	1,144	1,288	1,555	1,849	2,171	2,483	2,853
0,16	216 300	274 300	341 600	484 400	668 700	902 100	1 158 000	1 497 000
	1,163	1,321	1,487	1,795	2,135	2,507	2,866	3,293
0,18	230 400	292 300	364 000	516 100	712 400	961 000	1 233 000	1 595 000
	1,320	1,499	1,687	2,037	2,423	2,845	3,253	3,737
0,20	243 900	309 300	385 200	546 300	753 950	1 017 000	1 305 000	1 688 000
	1,478	1,679	1,890	2,281	2,714	3,186	3,644	4,186
0,22	256 700	325 600	405 400	574 900	793 600	1 071 000	1 374 000	1 777 000
	1,637	1,860	2,094	2,527	3,007	3,530	4,037	4,637
0,24	269 000	341 200	424 800	602 400	831 600	1 122 000	1 439 000	1 862 000
	1,798	2,042	2,299	2,775	3,301	3,876	4,433	5,092
0,26	280 800	356 200	443 500	628 900	868 200	1 171 000	1 503 000	1 944 000
	1,959	2,226	2,506	3,025	3,598	4,225	4,831	5,550
0,28	292 200	370 700	461 550	654 500	903 500	1 219 000	1 563 500	2 023 000
	2,122	2,411	2,714	3,276	3,897	4,575	5,230	6,010
0,30	303 300	384 700	479 000	679 200	937 600	1 265 000	1 623 000	2 099 000
	2,285	2,596	2,923	3,528	4,197	4,927	5,632	6,473
0,35	329 500	417 900	520 400	737 900	1 019 000	1 374 000	1 763 000	2 280 000
	2,698	3,064	3,450	4,164	4,953	5,816	6,648	7,640
0,40	354 000	449 000	559 100	792 900	1 094 000	1 476 000	1 894 500	2 450 000
	3,114	3,538	3,982	4,807	5,719	6,714	7,678	8,820
0,45	377 300	478 600	595 900	845 600	1 166 000	1 574 000	2 019 000	2 611 000
	3,538	4,019	4,524	5,461	6,496	7,627	8,722	10,02
0,50	399 100	506 200	630 400	893 900	1 234 000	1 665 000	2 136 000	2 762 000
	3,958	4,497	5,062	6,110	7,269	8,535	9,760	11,21
0,55	420 100	532 900	663 500	940 900	1 299 000	1 752 000	2 248 000	2 908 000
	4,386	4,982	5,608	6,770	8,053	9,456	10,81	12,42
0,60	440 200	558 350	695 300	985 900	1 361 000	1 836 000	2 356 000	3 047 000
	4,815	5,470	6,158	7,433	8,843	10,36	11,87	13,64
0,65	459 600	583 000	725 900	1 029 000	1 421 000	1 917 000	2 460 000	3 181 000
	5,250	5,964	6,713	8,103	9,640	11,32	12,94	14,87
0,70	478 300	606 600	755 400	1 071 000	1 479 000	1 995 000	2 559 000	3 310 000
	5,683	6,457	7,269	8,774	10,44	12,26	14,01	16,10
0,75	496 300	629 600	783 900	1 112 000	1 535 000	2 070 000	2 656 000	3 435 000
	6,122	6,954	7,829	9,450	11,24	13,20	15,09	17,34
0,80	513 900	651 800	811 600	1 151 000	1 589 000	2 143 000	2 750 000	3 557 000
	6,561	7,454	8,391	10,13	12,05	14,15	16,18	18,58
0,85	530 900	673 400	838 500	1 189 000	1 641 000	2 214 000	2 841 000	3 674 000
	7,003	7,956	8,956	10,81	12,86	15,10	17,27	19,84
0,90	547 500	694 400	864 700	1 224 000	1 692 000	2 283 000	2 930 000	3 789 000
	7,448	8,461	9,525	11,50	13,68	16,06	18,36	21,10
0,95	563 800	714 900	890 100	1 257 000	1 748 000	2 350 000	3 016 000	3 901 000
	7,844	8,910	10,03	12,11	14,40	16,91	19,34	22,21
1,00	579 400	734 800	915 000	1 298 000	1 791 000	2 416 000	3 100 000	4 010 000
	8,341	9,475	10,67	12,87	15,32	17,98	20,56	23,62
1,2	639 000	810 500	1 008 000	1 431 000	1 976 000	2 665 000	3 420 000	4 423 000
	10,15	11,53	12,98	15,66	18,63	21,88	25,02	28,74
$v = W$:	1 445 400	1 719 900	1 991 700	2 605 500	3 297 600	4 105 800	4 926 600	5 944 500

stände (ξ = 1) der großen Siederohre

25° Temperaturunterschied zwischen Vorlauf und Rücklauf.

p	d = 143	156	169	192	216	241	269	290
1,4	685900	870000	1095000	1536000	2121000	2891000	3721000	4811000
	11,69	13,28	14,95	18,05	21,47	25,21	28,82	33,11
1,6	745900	945100	1178000	1671000	2306000	3111000	3992000	5163000
	13,83	15,71	17,68	21,34	25,39	29,81	34,09	39,16
1,8	794700	1008000	1255000	1780000	2457000	3314000	4253000	5500000
	15,69	18,24	20,07	24,22	28,82	33,83	38,69	44,45
2,0	841000	1067000	1328000	1884000	2600000	3507000	4500000	5871000
	17,57	19,96	22,47	27,31	32,27	37,89	43,33	49,78
2,5	947100	1201000	1496000	2121000	2928000	3950000	5068000	6555000
	22,29	25,32	28,50	34,41	40,93	48,06	54,96	63,13
3,0	1045000	1327000	1652000	2342000	3233000	4362000	5597000	7239000
	27,18	30,88	34,76	41,95	49,91	58,60	67,01	76,98
3,5	1136000	1441000	1795000	2545000	3513000	4738000	6081000	7864000
	32,08	36,44	41,02	49,52	58,91	69,16	79,10	90,86
4,0	1221000	1548000	1928000	2734000	3774000	5091000	6533000	
	37,03	42,07	47,36	57,16	68,00	79,84	91,31	
4,5	1303000	1653000	2058000	2918000	4028000	5434000		
	42,19	47,93	53,95	65,13	77,48	90,97		
5,0	1376000	1746000	2174000	3083000	4255000			
	47,07	53,48	60,20	72,66	86,44			
5,5	1449000	1838000	2288000	3245000	4479000			
	52,16	59,25	66,70	80,51	95,77			
6,0	1518000	1926000	2398000	3400000				
	57,27	65,06	73,24	88,41				
6,5	1585000	2010000	2503000	3550000				
	62,42	70,91	79,82	96,35				
7,0	1649000	2092000	2605000					
	67,60	76,79	86,44					
7,5	1712000	2171000	2703000					
	72,80	82,70	93,10					
8,0	1772000	2248000	2799000					
	78,03	88,65	99,79					
8,5	1831000	2322000						
	83,29	94,61						
9,0	1888000							
	88,57							
9,5	1948000							
	94,30							
10,0	1998000							
	99,19							
v = W:	1445400	1719900	1991700	2605500	3297600	4105800	4926600	5944500

p	$d = 11{,}25$	14,5	20,0	25,5	34,0	39,5	49,5	65,5
0,02	21	58	208	692	1668	2509	4644	10016
	0,0002	0,0005	0,0020	0,0084	0,0150	0,0187	0,0260	0,0393
0,04	42	115	416	1099	2417	3692	6755	14538
	0,0008	0,0022	0,0078	0,0206	0,0315	0,0393	0,0548	0,0829
0,06	63	173	622	1368	3005	4529	8400	18082
	0,0018	0,0049	0,0176	0,0319	0,0488	0,0608	0,0848	0,1282
0,08	84	230	821	1596	3508	5287	9805	21102
	0,0031	0,0086	0,0304	0,0435	0,0664	0,0829	0,1155	0,1746
0,10	105	288	926	1800	3955	5960	11054	23796
	0,0049	0,0135	0,0387	0,0553	0,0845	0,1053	0,1469	0,2215
0,12	126	345	1022	1987	4368	6583	12209	26279
	0,0070	0,0194	0,0472	0,0674	0,1030	0,1288	0,1791	0,2707
0,14	146	402	1110	2156	4739	7144	13319	28514
	0,0096	0,0264	0,0555	0,0794	0,1213	0,1512	0,2109	0,3188
0,16	167	560	1192	2317	5092	7674	14633	30636
	0,0125	0,0345	0,0641	0,0916	0,1400	0,1746	0,2435	0,3680
0,18	188	517	1270	2468	5424	8177	15156	32638
	0,0158	0,0468	0,0727	0,1040	0,1589	0,1982	0,2764	0,4177
0,20	209	558	1344	2612	5741	8653	16046	34541
	0,0195	0,0507	0,0815	0,1165	0,1780	0,2219	0,3095	0,4678
0,22	229	587	1415	2750	6042	9108	16880	36358
	0,0236	0,0562	0,0903	0,1291	0,1972	0,2459	0,3429	0,5183
0,24	250	614	1442	2881	6331	9544	17699	38098
	0,0281	0,0617	0,0991	0,1417	0,2165	0,2700	0,3765	0,5690
0,26	271	642	1548	3008	6611	9964	18478	39774
	0,0330	0,0673	0,1080	0,1544	0,2360	0,2943	0,4104	0,6202
0,28	291	668	1573	3131	6878	10369	19229	41390
	0,0383	0,0728	0,1170	0,1673	0,2555	0,3187	0,4444	0,6717
0,30	312	694	1672	3248	7139	10760	19956	42954
	0,0440	0,0784	0,1260	0,1801	0,2752	0,3512	0,4786	0,7234
0,35	365	754	1816	3529	7756	11690	21680	46666
	0,0598	0,0926	0,1487	0,2126	0,3248	0,4051	0,5649	0,8538
0,40	404	800	1951	3792	8333	12560	23294	50141
	0,0735	0,1069	0,1717	0,2455	0,3750	0,4677	0,6522	0,9857
0,45	431	862	2079	4042	8881	13387	24828	53441
	0,0835	0,1214	0,1950	0,2788	0,4260	0,5313	0,7409	1,120
0,50	456	812	2199	4276	9382	14161	26263	56531
	0,0935	0,1359	0,2182	0,3120	0,4753	0,5945	0,8290	1,253
0,55	479	960	2315	4500	9880	14918	27644	59503
	0,1036	0,1505	0,2417	0,3457	0,5281	0,6586	0,9185	1,388
0,60	503	1006	2426	4716	10362	15619	28967	62351
	0,1137	0,1653	0,2654	0,3795	0,5799	0,7232	1,009	1,524
0,65	524	1050	2533	4924	10813	16308	30250	65100
	0,1239	0,1802	0,2894	0,4138	0,6321	0,7884	1,099	1,658
0,70	546	1093	2635	5124	11258	16969	31471	67741
	0,1342	0,1951	0,3133	0,4480	0,6845	0,8536	1,190	1,799
0,75	566	1134	2736	5317	11683	17611	32660	70301
	0,1445	0,2101	0,3375	0,4825	0,7372	0,9195	1,282	1,938
0,80	587	1175	2838	5504	12096	18233	33812	72781
	0,1549	0,2252	0,3617	0,5172	0,7901	0,9854	1,374	2,077
0,85	606	1213	2926	5687	12497	18836	34933	75192
	0,1653	0,2403	0,3851	0,5520	0,8433	1,052	1,467	2,217
0,90	625	1252	3017	5864	12881	19424	36025	77543
	0,1758	0,2616	0,4105	0,5870	0,8969	1,119	1,560	2,357
0,95	641	1294	3096	6018	13225	19934	36970	79576
	0,1851	0,2692	0,4333	0,6182	0,9445	1,178	1,643	2,483
1,00	661	1324	3193	6206	13648	20556	38123	82058
	0,1969	0,2862	0,4598	0,6574	1,004	1,253	1,747	2,640
1,2	729	1427	3522	6846	15042	22673	42049	90509
	0,2396	0,3326	0,5593	0,7998	1,222	1,524	2,125	3,212
$v = W$:	10800	17820	33910	55190	98060	132300	207790	365040

widerstände (ξ = 1) der Muffenrohre

30° Temperaturunterschied zwischen Vorlauf und Rücklauf.

p	d = 11,35	14,5	20,0	25,5	34,0	39,5	49,5	65,5
1,4	782	1567	3780	7348	16146	24336	45134	97150
	0,2760	0,4012	0,6445	0,9214	1,408	1,756	2,448	3,700
1,6	851	1705	4110	7991	17558	26466	49682	105648
	0,3264	0,4745	0,7621	1,090	1,665	2,076	2,895	4,376
1,8	907	1817	4379	8513	18706	28195	52290	112554
	0,3705	0,5385	0,8650	1,237	1,890	2,357	3,286	4,967
2,0	960	1922	4634	9008	19796	29839	55337	119114
	0,4149	0,6031	0,9687	1,385	2,116	2,639	3,681	5,563
2,5	1081	2165	5219	10126	22294	32604	62321	137268
	0,5262	0,7650	1,229	1,757	2,684	3,347	4,668	7,055
3,0	1194	2390	5764	11203	24618	37108	68819	148128
	0,6417	0,9328	1,498	2,142	3,273	4,082	5,692	8,603
3,5	1296	2597	6262	12172	26746	40295	74764	160927
	0,7573	1,101	1,768	2,528	3,863	4,813	6,718	10,15
4,0	1393	2790	6727	13078	28736	43314	80328	172908
	0,8743	1,271	2,041	2,919	4,459	5,561	7,765	11,72
4,5	1487	2978	7181	13958	30673	46232	85742	184555
	0,9961	1,448	2,326	3,325	5,080	6,336	8,836	13,35
5,0	1572	3146	7585	14744	32399	48835	90568	194945
	1,111	1,616	2,595	3,710	5,668	7,069	9,859	14,90
5,5	1654	3311	7984	15520	34103	51403	95330	205195
	1,231	1,790	2,875	4,111	6,280	7,833	10,92	16,51
6,0	1733	3470	8366	16264	35737	53866	99898	215028
	1,352	1,966	3,157	4,514	6,739	8,061	12,00	18,83
6,5	1808	3623	8735	16978	37308	56234	104290	224484
	1,474	2,142	3,441	4,920	7,516	9,374	13,07	19,76
7,0	1882	3769	9089	17668	38761	58520	108528	233604
	1,596	2,320	3,726	5,328	8,140	10,15	14,16	21,40
7,5	1954	3912	9433	18336	40291	60731	112630	242436
	1,719	2,499	4,013	5,738	8,766	11,19	15,25	23,04
8,0	2022	4050	9762	18983	41714	62875	116606	250992
	1,842	2,678	4,301	6,150	9,396	11,72	16,34	24,70
8,5	2089	4184	10090	19612	43096	64955	120468	259314
	1,962	2,858	4,591	6,565	10,03	12,51	17,44	26,39
9,0	2154	4315	10402	20224	44441	66985	124229	267396
	2,091	3,040	4,882	6,981	10,67	13,30	18,59	28,03
9,5	2218	4442	10711	20820	45751	68960	127891	75286
	2,216	3,222	5,174	7,399	11,30	14,43	19,66	29,71
10,0	2280	4567	11010	21403	47030	70889	131470	282985
	2,342	3,404	5,468	7,818	11,94	14,90	20,77	31,40
12	2500	5036	12144	23606	51872	78188	145003	312120
	2,849	4,141	6,652	9,511	14,53	18,12	25,27	38,19
14	2732	5472	13194	25646	56356	84946	257538	339096
	3,362	4,888	7,851	11,23	17,15	21,39	29,83	45,08
16	2935	5879	14176	27556	60551	91268	169260	364337
	3,882	5,643	9,063	12,96	19,80	24,69	34,44	52,04
18	3127	6264	15102	29357	64507	97230	180324	388145
	4,406	6,404	10,29	14,71	22,47	28,02	38,19	59,07
20	3310	6629	15983	31068	68268	102902	190836	410770
	4,933	7,137	11,52	16,47	25,17	31,39	43,77	66,15
22	3484	6977	16823	31957	71857	108310	200868	432371
	5,467	7,947	12,76	18,24	27,88	34,77	48,50	73,29
24	3652	7314	17635	34282	75244	113546	210576	453263
	6,008	8,734	14,03	20,02	30,64	38,22	53,30	80,55
26	3811	7633	18404	35776	78612	118493	219756	473008
	6,543	9,511	15,28	21,84	33,37	41,62	58,04	87,72
28	3966	7943	19152	37229	81808	123308	228684	492228
	7,085	10,30	16,54	23,66	36,14	45,07	62,86	95,00
30	4116	8243	19874	38634	84894	130944	237312	
	7,630	11,09	17,82	25,47	38,92	48,54	67,69	
v = W:	10800	17820	33910	55190	98060	132300	207790	365040

p	d = 57,5	64	70	82,5	94,5	106,5	119	131
0,02	7014	9400	12012	18828	27300	37872	51324	66756
	0,0325	0,0379	0,0434	0,0552	0,0675	0,0805	0,0948	0,1092
0,04	10182	13644	17436	27324	39636	54972	74496	96900
	0,0684	0,0801	0,0914	0,1163	0,1421	0,1695	0,1997	0,2301
0,06	12960	16968	21684	33984	49284	68364	92652	120480
	0,1058	0,1238	0,1413	0,1799	0,2198	0,2622	0,3089	0,3558
0,08	14784	19800	25308	39672	57528	80160	108144	140640
	0,1442	0,1687	0,1925	0,2451	0,2995	0,3570	0,4208	0,4848
0,10	16668	22332	28536	44724	64860	90480	121920	158640
	0,1833	0,2145	0,2447	0,3116	0,3807	0,4458	0,5530	0,6162
0,12	18408	24660	31512	49392	71628	99360	134640	175080
	0,2236	0,2616	0,2984	0,3801	0,4643	0,5538	0,6525	0,7516
0,14	19968	26760	34188	53592	77724	107820	146160	190080
	0,2632	0,3080	0,3514	0,4475	0,5467	0,6521	0,7682	0,8849
0,16	21456	28752	36732	57588	83508	115836	156960	204120
	0,3039	0,3555	0,4056	0,5165	0,6310	0,7527	0,8868	1,022
0,18	22860	30624	39144	61344	88968	123360	167280	217560
	0,3449	0,4034	0,4604	0,5863	0,7163	0,8546	1,007	1,159
0,20	24192	32412	41424	64920	94152	130560	177000	230160
	0,3863	0,4519	0,5156	0,6566	0,8022	0,9568	1,127	1,298
0,22	25664	34116	43596	68340	99108	137520	186360	242280
	0,4280	0,5007	0,5713	0,7275	0,8888	1,060	1,249	1,439
0,24	26676	35748	45684	71604	103848	144000	195600	253920
	0,4699	0,5498	0,6272	0,7988	0,9758	1,164	1,371	1,580
0,26	27852	37320	47688	74760	108420	150360	203760	265080
	0,5122	0,5992	0,6837	0,8706	1,064	1,269	1,495	1,722
0,28	28992	38856	49632	77796	112824	156480	212040	275880
	0,5544	0,6492	0,7404	0,9428	1,152	1,374	1,619	1,864
0,30	30084	40308	51504	80736	117084	162360	220080	286260
	0,5973	0,6989	0,7974	1,015	1,241	1,480	1,743	2,008
0,35	32676	43788	55956	87708	127200	176400	244680	311040
	0,7051	0,8249	0,9412	1,199	1,464	1,746	2,155	2,370
0,40	35112	47052	60120	94248	136680	189600	256920	334200
	0,8140	0,9523	1,087	1,384	1,690	2,016	2,375	2,736
0,45	37428	50148	64080	100440	145680	202080	273840	356160
	0,9246	1,082	1,234	1,572	1,920	2,290	2,698	3,108
0,50	39588	53052	67788	106248	154080	213720	289680	376800
	1,035	1,210	1,381	1,759	2,149	2,563	3,019	3,478
0,55	41676	55836	71352	111840	162240	225000	304920	396600
	1,146	1,341	1,530	1,949	2,381	2,839	3,345	3,853
0,60	43668	58512	74772	117192	169920	235800	319560	415560
	1,259	1,473	1,680	2,140	2,614	3,118	3,657	4,231
0,65	45588	61092	78060	122400	177480	246120	333600	433800
	1,372	1,605	1,832	2,332	2,850	3,399	4,004	4,612
0,70	47436	63576	81228	127320	184680	256080	347160	451440
	1,486	1,738	1,983	2,525	3,085	3,680	4,336	4,994
0,75	49236	65976	84300	132120	191640	265800	360240	468480
	1,600	1,872	2,136	2,720	3,323	3,964	4,670	5,379
0,80	50976	68304	87676	136800	198360	275160	372960	485090
	1,715	2,007	2,289	2,915	3,562	4,248	5,005	5,765
0,85	52656	70560	90168	141360	204960	284280	385320	501120
	1,830	2,142	2,443	3,112	3,801	4,534	5,342	6,153
0,90	54300	72768	92988	145800	211320	293160	397320	516840
	1,947	2,278	2,599	3,309	4,043	4,822	5,681	6,544
0,95	55728	74676	95424	149520	216960	300840	407760	530280
	2,050	2,399	2,737	3,485	4,258	5,078	5,983	6,892
1,00	57568	77004	98400	154200	223680	310320	420480	546840
	2,180	2,551	2,910	3,706	4,527	5,400	6,362	7,328
1,2	63384	84936	108588	170160	246720	342240	463800	603240
	2,652	3,103	3,544	4,508	5,508	6,570	7,740	8,915
v = W:	280800	348000	415800	577800	757100	962300	1201000	1455800

stände (ξ = 1) der kleinen Siederohre
und 30° Temperaturunterschied zwischen Vorlauf und Rücklauf.

p	d = 57,5	64	70	82,5	94,5	106,5	119	131
1,4	68040	91164	116496	182640	264840	367320	497760	647400
	3,056	3,575	4,079	5,194	6,346	7,569	8,912	10,27
1,6	73992	99144	126720	198600	288000	409480	541320	704040
	3,614	4,228	4,824	6,143	7,505	8,951	10,55	12,15
1,8	78828	105624	135000	211560	306840	425640	576720	750120
	4,102	4,799	5,350	6,972	8,518	10,16	11,97	13,79
2,0	83412	111780	142800	223920	324720	450360	610320	793800
	4,593	5,252	6,132	7,808	9,539	11,38	13,41	15,44
2,5	93948	125880	160800	252120	365640	507240	687360	894000
	5,826	6,816	7,777	9,903	12,10	14,43	17,00	19,58
3,0	103740	138960	177600	278400	403800	560040	759000	987240
	7,104	8,312	9,483	12,08	14,75	17,57	20,73	23,88
3,5	112704	150960	192960	302520	438600	608520	824640	1072440
	8,385	9,810	11,19	14,25	17,41	20,82	24,47	28,19
4,0	121080	162240	207360	324960	471360	653760	885960	1152360
	9,679	11,32	12,92	16,45	20,10	23,98	28,25	32,54
4,5	129240	173160	221280	346920	503640	697800	945720	1230000
	11,03	12,90	14,72	18,75	22,90	27,32	32,18	37,07
5,0	136560	183000	233760	366360	531360	737160	998880	1299600
	12,30	14,40	16,42	20,92	25,55	30,48	35,91	41,36
5,5	143760	192600	246120	385680	559320	775920	1051440	1368000
	13,63	15,95	18,20	23,17	28,31	33,77	39,78	45,82
6,0	150600	201840	257880	404160	586080	813000	1101840	1432800
	14,97	17,51	19,98	25,45	31,09	37,08	43,69	50,52
6,5	157200	210720	269160	421920	611880	848760	1150320	1496400
	16,31	19,09	21,78	17,73	33,88	40,41	47,61	54,84
7,0	163560	219240	280080	439080	636720	883320	1196000	1556400
	17,67	20,67	23,58	30,03	36,69	43,76	51,56	59,39
7,5	169800	227520	290760	455640	660840	916680	1242000	1615200
	19,03	22,26	25,40	32,35	39,52	47,13	55,53	63,96
8,0	175800	235560	300960	471720	684120	949080	1286400	1672800
	20,40	23,86	27,23	34,67	42,35	50,52	59,52	68,56
8,5	181560	243360	310920	487440	706800	980520	1328400	1728000
	21,77	25,47	29,06	37,87	45,21	53,92	63,53	73,18
9,0	187320	250920	320640	502560	728880	1011120	1370400	1782000
	23,15	27,08	30,90	39,35	48,08	57,34	67,56	77,82
9,5	192720	258360	330120	517440	750360	1040880	1410000	1834800
	24,53	28,71	32,75	41,71	50,95	60,77	71,60	82,47
10,0	198120	265560	339360	531840	771360	1069920	1445800	1886400
	25,93	30,33	34,61	44,07	53,84	64,22	75,66	87,15
12	218640	292920	374280	586680	850800	1180200	1599600	
	31,54	36,90	42,10	53,61	65,50	78,13	92,05	
14	237480	318240	406680	637320	924360	1282800		
	37,23	43,56	49,69	63,28	77,31	92,21		
16	255120	341880	436920	684840	993120			
	42,98	50,28	57,37	73,05	89,25			
18	271800	364200	465480	729600				
	48,87	57,07	65,11	82,91				
20	287640	385440	492600	772080				
	54,63	63,91	72,92	92,66				
22	302760	405720	518520					
	60,52	70,81	80,79					
24	317400	425400	543480					
	66,52	77,82	88,79					
26	331200	443880	567240					
	72,44	84,75	96,69					
28	344760	461880						
	78,44	91,78						
30	357720	479400						
	84,48	98,84						
ν = W:	280800	348000	415800	577800	757100	962300	1201000	1455800

p	$d = 143$	156	169	192	216	241	269	290
0,02	84864	107628	134040	190080	262320	353880	454080	587280
	0,1243	0,1421	0,1589	0,1918	0,2282	0,2679	0,3064	0,3520
0,04	123180	156240	194520	275880	380880	523720	659160	852600
	0,2618	0,2975	0,3348	0,4042	0,4808	0,5646	0,6456	0,7416
0,06	153240	194280	241920	343080	473640	638880	819840	1060200
	0,4049	0,4600	0,5178	0,6251	0,7436	0,8731	0,9984	1,147
0,08	178800	226800	282360	400440	552840	745680	956880	1237200
	0,5517	0,6268	0,7055	0,8516	1,013	1,190	1,360	1,636
0,10	201600	255720	318360	451560	623280	840780	1078920	1395600
	0,7014	0,7968	0,8969	1,083	1,288	1,512	1,729	1,986
0,12	222600	282360	351600	498600	688320	928560	1119480	1540800
	0,8554	0,9717	1,094	1,320	1,571	1,844	2,109	2,423
0,14	241560	306360	381080	541080	746880	1007520	1292400	1671600
	1,007	1,144	1,288	1,555	1,849	2,171	2,483	2,853
0,16	259560	329160	409920	581280	802440	1082520	1389600	1796400
	1,163	1,321	1,487	1,795	2,135	2,507	2,866	3,293
0,18	276480	350760	436680	619320	854880	1153200	1479600	1914000
	1,320	1,499	1,687	2,037	2,423	2,845	3,253	3,737
0,20	292680	371160	462240	655440	904740	1220400	1566000	2025600
	1,478	1,679	1,890	2,281	2,714	3,186	3,644	4,186
0,22	308040	390720	486480	689880	952320	1285200	1648800	2132400
	1,637	1,860	2,094	2,527	3,007	3,530	4,037	4,637
0,24	322800	409440	509760	722880	997920	1346400	1726800	2234400
	1,798	2,042	2,299	2,775	3,301	3,876	4,433	5,092
0,26	336960	427440	532200	754680	1041840	1405200	1803600	2332800
	1,959	2,226	2,506	3,025	3,598	4,225	4,831	5,550
0,28	350640	444840	553860	785400	1084200	1462800	1876200	2427600
	2,122	2,411	2,714	3,276	3,897	4,575	5,230	6,010
0,30	363960	461640	574800	815040	1125120	1518000	1947600	2518800
	2,285	2,596	2,923	3,528	4,197	4,927	5,632	6,473
0,35	395400	501480	624480	885480	1222800	1648800	2115600	2736000
	2,698	3,064	3,450	4,164	4,953	5,816	6,648	7,640
0,40	424800	538800	670920	951480	1312800	1771200	2273400	2940000
	3,114	3,538	3,982	4,807	5,719	6,714	7,678	8,820
0,45	452760	574320	715080	1014000	1399200	1888800	2422800	3133200
	3,538	4,019	4,524	5,461	6,496	7,627	8,722	10,02
0,50	478920	607440	756480	1072680	1480800	1998000	2563200	3314400
	3,958	4,497	5,062	6,110	7,269	8,535	9,760	11,21
0,55	504120	639480	796200	1129080	1558800	2102400	2697600	3489600
	4,386	4,982	5,608	6,770	8,053	9,456	10,81	12,42
0,60	528240	760020	834360	1183080	1633200	2203200	2827200	3656400
	4,815	5,470	6,158	7,433	8,843	10,36	11,87	13,64
0,65	551520	699600	871080	1234800	1705200	2300400	2952000	3817200
	5,250	5,964	6,713	8,103	9,640	11,32	12,94	14,87
0,70	573960	727920	906480	1285200	1774000	2394000	3070800	3972000
	5,683	6,457	7,269	8,774	10,44	12,26	14,01	16,10
0,75	595560	755520	940680	1334400	1842000	2484000	3187200	4122000
	6,122	6,954	7,829	9,450	11,24	13,20	15,09	17,34
0,80	616680	782160	973920	1381200	1906800	2571600	3300000	4268400
	6,561	7,454	8,391	10,13	12,05	14,15	16,18	18,58
0,85	637060	808080	1006200	1426800	1969200	2656800	3409200	4408800
	7,003	7,956	8,956	10,81	12,86	15,10	17,27	19,84
0,90	657000	833280	1037640	1468800	2030400	2739600	3516000	4546800
	7,448	8,461	9,525	11,50	13,68	16,06	18,36	21,10
0,95	676560	857880	1068120	1508400	2097600	2820000	3619200	4681200
	7,844	8,910	10,03	12,11	14,40	16,91	19,34	22,21
1,00	695280	881760	1098000	1557600	2149200	2899200	3720000	4812000
	8,341	9,457	10,67	12,87	15,32	17,98	20,56	23,62
1,20	766800	972600	1209600	1717200	2371200	3198000	4104000	5307600
	10,15	11,53	12,98	15,66	18,63	21,88	25,02	28,74
$v = W$:	1734500	2063900	2390000	3126600	3957100	4927000	5911900	7033400

stände (ξ = 1) der großen Siederohre

30° Temperaturunterschied zwischen Vorlauf und Rücklauf.

p	d = 143	156	169	192	216	241	264	290
1,4	823080	1044000	1314000	1843200	2545200	3433200	4405200	5696400
	11,69	13,28	14,95	18,05	21,47	25,21	28,82	33,11
1,6	895080	1135320	1413600	2005200	2767200	3733200	4790400	6195600
	13,83	15,71	17,68	21,34	25,39	29,81	34,09	39,16
1,8	953640	1209600	1506000	2136000	2948400	3976800	5103600	6600000
	15,69	18,24	20,07	24,22	28,82	33,83	38,69	44,45
2,0	1009200	1280400	1593600	2260800	3120000	4208400	5400000	7045200
	17,57	19,96	22,47	27,31	32,27	37,89	43,33	49,78
2,5	1136520	1441200	1795200	2545200	3513600	4740000	6081600	7866000
	22,29	25,32	28,50	34,41	40,93	48,06	54,96	63,13
3,0	1255200	1592400	1982400	2810400	3879600	5234400	6716400	8686800
	27,18	30,88	34,76	41,95	49,91	58,60	67,01	76,98
3,5	1363200	1729200	2154000	3054000	4215600	5685600	7297200	9436800
	32,08	36,44	41,02	49,52	58,91	69,16	79,10	90,86
4,0	1465200	1857600	2313600	3280800	4528800	6109200	7839600	
	37,03	42,07	47,36	57,16	68,00	79,84	91,31	
4,5	1563600	1983600	2469600	3501600	4833600	6520800		
	42,19	47,93	53,95	65,13	77,48	90,97		
5,0	1651200	2095200	2608800	3699600	5106000			
	47,07	53,48	60,20	72,66	86,44			
5,5	1738800	2205600	2745600	3894000	5374800			
	52,16	59,25	66,70	80,51	95,77			
6,0	1821600	2311200	2877600	4080000				
	57,27	65,06	73,24	88,41				
6,5	1902000	2412000	3003600	4260000				
	62,42	70,91	79,82	96,35				
7,0	1978800	2510400	3126000					
	67,60	76,79	86,44					
7,5	2054400	2605200	3243600					
	72,80	82,70	93,10					
8,0	2126400	2697600	3358800					
	78,03	88,65	99,70					
8,5	2197200	2786400						
	83,29	94,61						
9,0	2265600							
	88,57							
9,5	2337600							
	94,30							
10,0	2397600							
	99,19							
v = W:	1734500	2063900	2390000	3126600	3957100	4927000	5911900	7033400

4

Radiatortafeln.

In den folgenden Radiatortafeln bedeutet, entsprechend den Vorschlägen von Prof. Gröber

A die Fußgliedhöhe   F die Heizfläche eines Gliedes
B die Mittelgliedhöhe   G das Gewicht
E den Nabenabstand   I den Wasserinhalt
D die Baulänge eines Gliedes   f die Ansichtsfläche
C die Tiefe   F:f das Verhältnis von Heizfläche zu Ansichtsfläche.

Alle Maße sind den Drucksachen der Lieferfirmen ohne Nachprüfung auf Richtigkeit entnommen.

I. Gußeiserne Radiatoren alter, schwerer Form.
Tafel 22.
Einsäulige Radiatoren.

Modell	A	B	E	D	C	F	G	I	F:f
Gelsenkirchen A. I.	965	900	790	76	140	0,29	10,7	2,30	4,25
	815	750	637	,,	,,	0,24	8,9	1,95	4,22
	750	690	574	,,	,,	0,21	7,8	1,80	4,01
	660	600	485	,,	,,	0,19	7,0	1,60	4,16
	560	500	383	,,	,,	0,15	5,6	1,35	3,95
Lollar normal	1070	1005	900	70	130	0,32	12,0	2,8	4,55
	870	805	700	,,	,,	0,26	9,7	2,0	4,62
	770	705	600	,,	,,	0,23	8,4	1,7	4,65
	670	605	500	,,	,,	0,20	7,5	1,5	4,72
	520	455	350	,,	,,	0,15	5,6	1,2	4,71
Lollar Nr. 13	—	700	610	50	120	0,19	6,5	1,5	5,44
	—	550	460	,,	,,	0,15	5,3	1,2	5,46
Blankenburg	1240	1195	1100	80	110	0,33	12,0	—	3,46
	1040	995	900	,,	,,	0,28	10,0	—	3,51
	740	695	600	,,	,,	0,20	7,5	--	3,60
	640	595	500	,,	,,	0,18	7,0	-	3,70
Körting Modell 1	—	950	855	270	95	1,00	38,5	—	3,89
		800	705	,,	,,	0,84	32,0	—	3,88
		650	555	,,	,,	0,67	25,5	—	3,76
		555	460	,,	,,	0,57	21,5	--	3,80
Westfalia	1040	1000	900	80	110	0,27	11,0	--	3,38
(Wilhelmshütte)	840	800	700	,,	,,	0,22	9,0	--	3,44
	740	700	600	,,	,,	0,19	7,5	—	3,40
	640	600	500	,,	,,	0,165	6,6	—	3,44
	590	550	450	,,	,,	0,145	6,3	—	3,30
Issel	1070	993	900	80	145	0,33	15,0	—	4,16
	970	895	800	,,	,,	0,29	12,0	—	4,05
	870	795	700	,,	,,	0,26	10,0	—	4,09
	770	695	600	,,	,,	0,23	9,0	—	4,14
	670	595	500	,,	,,	0,20	8,0	--	4,20
	570	495	400	,,	,,	0,16	7,5	...	4,05
Kaiserslautern	1215	1110	1030	60	120	0,30	11,0	—	4,51
	770	660	587	,,	,,	0,18	7,0	—	4,55
	645	538	463	,,	,,	0,15	6,0	—	4,62
Deutschland 1926	1054	998	900	80	138	0,35	11,5	2,6	4,40
(Blankenburg)	754	698	600	,,	,,	0,24	8,5	1,8	4,31
	654	598	500	,,	,,	0,21	7,5	1,6	4,40
Ideal Hospital	1142	1075	1005	67	146	0,36	—	2,65	5,00
	717	650	580	67	146	0,22	--	1,60	5,05

Tafel 23.

Zweisäulige Radiatoren.

Modell	A	B	E	D	C	F	G	I	F:f
Premier	1145	1080	965	76	197	0,47	17,4	3,90	5,72
	750	690	574	,,	,,	0,29	10,7	2,55	5,55
	660	600	485	,,	,,	0,25	9,3	2,25	5,49
Lollar normal	1265	1200	1100	70	225	0,65	21,9	4,7	7,75
	1065	1000	900	,,	,,	0,54	18,6	3,5	7,72
	865	800	700	,,	,,	0,43	14,9	2,8	7,69
	765	700	600	,,	,,	0,37	13,1	2,45	7,56
	720	655	555	,,	,,	0,34	11,9	2,25	7,42
	665	600	500	,,	,,	0,31	11,2	1,95	7,39
	515	450	350	,,	,,	0,22	8,7	1,6	7,00
Lollar Nr. 9	1155	1100	1014	80	185	0,45	16,9	4,5	5,12
	960	900	816	,,	,,	0,36	13,8	3,5	5,00
	820	767	676	,,	,,	0,31	12,2	3,0	5,05
	720	643	555	,,	,,	0,28	10,3	2,7	5,45
	670	617	528	,,	,,	0,25	9,4	2,5	5,07
	515	460	375	,,	,,	0,19	7,8	2,0	5,17
Deutschland	1250	1190	1100	80	220	0,60	23,0	—	6,30
	1150	1090	1000	,,	,,	0,56	20,0	—	6,30
	1050	990	900	,,	,,	0,50	18,0	—	6,30
	850	790	700	,,	,,	0,40	16,0	—	6,33
	750	690	600	,,	,,	0,35	14,0	—	6,34
	720	645	555	,,	,,	0,33	13,0	—	6,40
	630	590	500	,,	,,	0,30	12,0	—	6,36
	570	540	450	,,	,,	0,27	11,0	—	6,25
Deutschland 1926 (Blankenburg)	1250	1190	1100	80	220	0,68	20,0	4,5	7,15
	1050	990	900	,,	,,	0,57	16,5	3,6	7,20
	750	690	600	,,	,,	0,39	11,0	2,7	7,07
	650	590	500	,,	,,	0,33	9,5	2,4	7,00
Körting Modell 2	1145	1080	975	76	180	0,44	14,0	—	5,36
	815	735	635	,,	,,	0,30	10,0	—	5,38
	750	685	585	,,	,,	0,28	9,5	—	5,39
	660	590	495	,,	,,	0,24	8,5	—	5,36
	510	440	345	,,	,,	0,18	7,0	—	5,40
Gelsenkirchen A. II.			genau wie Premier dazu,						
	965	900	790	76	197	0,37	13,7	3,30	5,42
	815	750	637	,,	,,	0,31	11,5	2,80	5,45
	560	500	383	,,	,,	0,20	7,4	1,95	5,28
,, B. II.	1165	1095	1000	76	190	0,47	16,0	4,94	5,65
	965	895	800	,,	,,	0,38	12,9	4,13	5,60
	815	745	650	,,	,,	0,32	10,9	3,38	5,65
	665	595	500	,,	,,	0,25	8,5	2,70	5,54
	515	445	350	,,	,,	0,19	6,5	2,07	5,63
Gelsenkirchen H. II.	1160	1090	1000	80	185	0,46	15,7	4,94	5,28
	960	890	800	,,	,,	0,37	12,6	4,13	5,20
	810	740	650	,,	,,	0,31	10,6	3,38	5,24
	660	590	500	,,	,,	0,25	8,5	2,70	5,30
Nassovia	1200	1130	1040	80	185	0,47	17,5	—	5,20
	970	900	810	,,	,,	0,37	14,0	—	5,15
	825	755	665	,,	,,	0,31	11,5	—	5,14
	720	645	555	,,	,,	0,27	10,0	—	5,23
	680	610	520	,,	,,	0,25	9,5	—	5,14
	520	430	360	,,	,,	0,19	7,5	—	5,53
Kaiserslautern	1215	1110	1030	70	200	0,48	16,5	—	6,19
	1015	910	835	,,	,,	0,39	14,5	—	6,13
	770	660	587	,,	,,	0,28	10,0	—	6,07
	645	538	463	,,	,,	0,23	8,0	—	6,11

Dreisäulige Radiatoren.

Modell	A	B	E	D	C	F	G	I	F:f
Premier	1145	1080	968	76	233	0,58	21,4	4,25	7,07
	750	690	574	,,	,,	0,36	13,3	2,80	6,89
	660	600	485	,,	,,	0,32	11,8	2,50	7,01
Lollar normal	1270	1200	1100	70	230	0,75	24,0	5,9	8,95
	1070	1000	900	,,	,,	0,62	20,0	4,9	8,86
	870	800	700	,,	,,	0,50	17,0	3,9	8,94
	770	700	600	,,	,,	0,44	14,5	3,4	8,99
	723	653	555	,,	,,	0,41	14,0	3,2	8,99
	670	600	500	,,	,,	0,38	13,0	2,9	9,05
	515	445	350	,,	,,	0,27	10,0	2,3	8,67
Blankenburg	1280	1200	1100	80	230	0,74	25,0	—	7,72
	1080	1000	900	,,	,,	0,61	22,0	—	7,64
	880	800	700	,,	,,	0,49	17,0	—	7,66
	780	700	600	,,	,,	0,43	14,5	...	7,69
	735	655	555	,,	,,	0,41	14,0	...	7,84
	655	600	500	,,	,,	0,37	13,0	...	7,72
	485	445	350	,,	,,	0,266	10,0	...	7,49
Körting Modell 3	1145	1080	965	76	235	0,57	18,5	...	8,21
	815	745	635	,,	,,	0,40	13,0	...	7,07
	750	680	580	,,	,,	0,36	12,5	--	6,98
	660	590	480	,,	,,	0,31	10,5	—	6,93
	560	495	385	,,	,,	0,26	9,0	—	6,93
Deutschland	1250	1190	1100	80	245	0,75	28,0	8,0	7,89
	1050	990	900	,,	,,	0,63	24,0	7,0	7,96
	750	690	600	,,	,,	0,44	17,0	4,7	7,97
	720	645	555	,,	,,	0,41	15,5	4,4	7,94
	635	595	500	,,	,,	0,37	14,0	4,1	7,77
	485	445	350	,,	,,	0,26	10,0	3,0	7,31
Kaiserslautern	1215	1110	1030	70	275	0,63	25,0	—	8,11
	1015	910	835	,,	,,	0,51	19,0	--	8,01
	770	660	587	,,	,,	0,38	16,5	--	8,23
	645	538	463	,,	,,	0,31	12,5	—	8,23
Gelsenkirchen A. III.				genau wie Premier, dazu					
	965	900	790	76	233	0,48	17,8	3,60	7,03
	815	750	637	,,	,,	0,40	14,8	3,05	7,03
	560	500	383	,,	,,	0,26	9,6	2,10	6,85

Viersäulige Radiatoren.

Modell	A	B	E	D	C	F	G	I	F:f
Gelsenkirchen A. IV.	1145	1080	968	89	327	0,95	35,2	10,1	9,89
	965	900	790	,,	,,	0,79	29,3	8,4	9,85
	815	750	637	,,	,,	0,65	24,0	6,85	9,75
	660	600	485	,,	,,	0,51	18,9	5,60	9,56
	560	500	383	,,	,,	0,41	15,2	4,45	9,23

Sechssäulige Radiatoren.

Modell	A	B	E	D	C	F	G	I	F:f
Fenster-Radiatoren	508	478	383	76	320	0,47	—	2,15	12,91
	330	300	204	76	320	0,28	—	1,60	12,87

II. Gußeiserne Radiatoren neuer, mittlerer Form.

Einsäulige Radiatoren.

Modell	A	B	E	D	C	F	G	I	F:f
Rheinland	1040	980	900	50	100	0,22	6,4	0,82	4,50
	740	680	600	,,	,,	0,15	4,4	0,62	4,72
	640	580	500	,,	,,	0,13	3,8	0,57	4,50

Tafel 28.
Zweisäulige Radiatoren.

Modell	A	B	E	D	C	F	G	I	F:f
Rheinland	1045	980	900	55	190	0,41	11,9	1,5	7,62
	745	680	600	,,	,,	0,29	9,0	1,1	7,76
	645	580	500	,,	,,	0,25	7,3	1,0	8,00
Thauma	1024	964	900	60	110	0,24	7,5	1,45	4,15
	824	764	700	,,	,,	0,19	6,2	1,30	4,15
	679	619	555	,,	,,	0,15	5,7	1,05	4,05
	574	514	450	,,	,,	0,12	4,4	0,90	3,90
Strebel	750	674	600	60	110	0,19	—	1,05	4,71
	650	574	500	,,	,,	0,16	—	0,95	4,66

Tafel 29.
Dreisäulige Radiatoren.

Modell	A	B	E	D	C	F	G	I	F:f
Rheinland	1040	975	900	55	250	0,55	16,0	2,3	10,25
	740	675	600	,,	,,	0,38	11,0	1,7	10,24
	640	575	500	,,	,,	0,32	9,3	1,5	10,11
Logana	1052	974	900	60	155	0,38	11,0	2,2	6,51
	852	774	700	,,	,,	0,30	8,5	1,75	6,49
	752	674	600	,,	,,	0,26	7,75	1,53	6,45
	652	574	500	,,	,,	0,22	7,0	1,30	6,40
Strebel			genau wie Logau, dazu						
	1250	1174	1100	60	155	0,46	—	2,60	6,54
Geka	1024	964	900	60	168	0,39	11,5	2,1	6,80
	824	764	700	,,	,,	0,31	9,5	1,7	6,78
	679	619	555	,,	,,	0,25	7,5	1,45	6,63
Thauma	1024	964	900	60	170	0,36	11,3	2,0	6,25
	824	764	700	,,	,,	0,30	9,5	1,62	6,55
	679	619	555	,,	,,	0,24	8,0	1,35	6,48
	574	514	450	,,	,,	0,21	7,0	1,15	6,82
IJ	1050	975	900	60	160	0,40	10,5	2,3	6,85
	850	775	700	,,	,,	0,32	8,5	1,8	6,88
	750	675	600	,,	,,	0,28	7,5	1,6	6,92
	650	575	500	,,	,,	0,24	7,0	1,4	6,97

Tafel 30.
Viersäulige Radiatoren.

Modell	A	B	E	D	C	F	G	I	F:f
Logana	1052	974	900	60	200	0,48	14,5	2,70	8,23
	852	774	700	,,	,,	0,38	11,5	2,15	8,20
	752	674	600	,,	,,	0,33	10,0	1,88	8,19
	652	574	500	,,	,,	0,28	8,5	1,60	8,15
	502	424	350	,,	,,	0,21	7,0	1,18	8,28
Strebel			genau wie Logana, dazu						
	1250	1174	1100	60	200	0,58	—	3,25	8,25
Geka	1024	964	900	60	220	0,50	14,5	2,5	8,56
	824	764	700	,,	,,	0,40	11,5	2,1	8,75
	679	619	555	,,	,,	0,32	9,5	1,8	8,48
	574	514	450	,,	,,	0,27	8,0	1,6	8,78
Thauma	1024	964	900	60	220	0,47	14,2	2,62	8,15
	824	764	700	,,	,,	0,38	11,2	2,17	8,30
	679	619	555	,,	,,	0,31	9,5	1,75	8,32
	574	514	450	,,	,,	0,27	8,0	1,60	8,79
IJ	1050	975	900	60	210	0,50	13,5	2,8	8,55
	850	775	700	,,	,,	0,40	11,0	2,3	8,60
	750	675	600	,,	,,	0,35	10,0	2,0	8,65
	650	575	500	,,	,,	0,30	8,5	1,7	8,70
	500	425	350	,,	,,	0,23	7,0	1,3	8,70
Pfalz	1024	964	900	60	220	0,47	14,2	2,55	8,15
	679	619	555	,,	,,	0,31	9,5	1,60	8,32

Tafel 31.
Fünfsäulige Radiatoren.

Modell	A	B	E	D	C	F	G	I	F:f
Logana	1052	974	900	60	245	0,58	17,5	3,2	9,95
	852	774	700	,,	,,	0,46	13,5	2,55	9,92
	752	684	600	,,	,,	0,40	12,0	2,23	9,92
	652	574	500	,,	,,	0,34	10,5	1,9	9,90
	502	424	350	,,	,,	0,25	8,0	1,4	9,85
Strebel				genau	wie Logana,	dazu			
	1250	1174	1100	60	245	0,70	—	3,85	9,95
Geka	1024	964	900	60	248	0,60	16,5	2,9	10,38
	824	764	700	,,	,,	0,48	13,5	2,4	10,48
	679	619	555	,,	,,	0,38	11,0	2,0	10,20
	574	514	450	,,	,,	0,32	9,0	1,8	10,40
Thauma	1024	964	900	60	260	0,57	17,0	3,12	9,88
	824	764	700	,,	,,	0,46	13,7	2,53	9,84
	679	619	555	,,	,,	0,38	11,0	2,13	10,20
	574	514	450	,,	,,	0,32	9,3	1,9	10,38
IJ	1050	975	900	60	250	0,60	17,0	3,3	10,26
	850	775	700	,,	,,	0,48	13,5	2,6	10,31
	750	675	600	,,	,,	0,42	12,0	2,3	10,36
	650	575	500	,,	,,	0,32	10,0	2,0	10,42
	500	425	350	,,	,,	0,27	8,0	1,5	10,59

Tafel 32.
Sechssäulige Radiatoren.

Modell	A	B	E	D	C	F	G	I	F:f
Thauma	1024	964	900	60	300	0,64	20,4	3,12	11,09
	824	764	700	,,	,,	0,51	15,4	2,75	11,12
	679	619	555	,,	,,	0,41	13,5	2,45	11,00
	574	514	450	,,	,,	0,34	10,6	2,25	11,04

III. Gußeiserne Radiatoren neuer, leichter Form.
Tafel 33.
Viersäulige Radiatoren.

Modell	A	B	E	D	C	F	G	I	F:f
Classic	920	848	777	50	143	0,29	—	1,00	6,85
	760	695	624	,,	,,	0,24	—	0,85	6,90
	610	543	472	,,	,,	0,19	—	0,70	7,00
Harz	1040	978	900	54	138	0,35	9,10	—	6,65
	740	678	600	,,	,,	0,24	5,75	—	6,56
	640	578	500	,,	,,	0,20	5,30	—	6,42
Westfalia (Gelsenkirchen)	924	872	777	50	143	0,28	7,3	1,1	6,42
	770	717	624	,,	,,	0,23	6,0	1,0	6,41
	618	567	472	,,	,,	0,19	5,0	0,78	6,70

Tafel 34.
Sechssäulige Radiatoren.

Modell	A	B	E	D	C	F	G	I	F:f
Classic	1070	1015	943	60	219	0,60	—	2,4	9,86
	920	848	777	50	218	0,44	—	1,50	10,40
	760	695	624	,,	,,	0,36	—	1,30	10,35
	610	543	472	,,	,,	0,28	—	1,10	10,30
Harz	1240	1178	1100	54	210	0,65	16,0	—	10,20
	1040	978	900	,,	,,	0,52	14,0	—	9,87
	740	678	600	,,	,,	0,35	8,5	—	9,58
	640	578	500	,,	,,	0,30	7,9	—	9,62
Westfalia	1148	1094	1000	50	218	0,60	15,6	1,75	10,96
	924	872	777	,,	,,	0,42	10,9	1,60	9,60
	768	717	624	,,	,,	0,35	9,1	1,37	9,75
	618	567	472	,,	,,	0,28	7,3	1,25	9,87

IV. Schmiedeeiserne (Stahl-) Radiatoren.

Tafel 35.
Einsäulige Radiatoren.

Modell	A	B	E	D	C	F	G	I	F:f
Recka	1230	1165	1100	50	82	0,20	3,5	—	3,44
	1030	965	900	,,	,,	0,17	2,85	—	3,53
	730	665	600	,,	,,	0,11	1,93	—	3,31
	630	565	500	,,	,,	0,09	1,48	—	3,19

Tafel 36.
Zweisäulige Radiatoren.

Modell	A	B	E	D	C	F	G	I	F:f
Stabulo	1060	990	900	45	135	0,27	3,6	1,20	6,08
	715	645	555	,,	,,	0,18	2,6	0,78	6,21
	660	590	500	,,	,,	0,17	2,4	0,71	6,19
Recka	1245	1175	1100	55	175	0,46	7,15	—	7,12
	1145	1075	1000	,,	,,	0,42	6,55	—	7,10
	1045	975	900	,,	,,	0,39	6,10	—	7,29
	845	775	700	,,	,,	0,32	5,00	—	7,51
	745	675	600	,,	,,	0,28	4,40	—	7,55
	695	625	550	,,	,,	0,26	4,10	—	7,58
	645	575	500	,,	,,	0,24	3,80	—	7,60
	495	425	350	,,	,,	0,19	3,10	—	8,15

Tafel 37.
Dreisäulige Radiatoren.

Modell	A	B	E	D	C	F	G	I	F:f
Stabulo	1060	990	900	45	190	0,38	4,8	1,73	8,55
	715	645	555	,,	,,	0,25	3,4	1,10	8,63
	660	590	500	,,	,,	0,23	3,2	1,00	8,70
Recka	1245	1175	1100	55	230	0,60	9,30	—	9,30
	1145	1075	1000	,,	,,	0,55	8,70	—	9,30
	1045	975	900	,,	,,	0,50	7,80	—	9,33
	845	775	700	,,	,,	0,40	6,20	—	9,40
	745	675	600	,,	,,	0,35	5,50	—	9,44
	695	625	550	,,	,,	0,33	5,20	—	9,60
	645	575	500	,,	,,	0,30	4,70	—	9,50
	495	425	350	,,	,,	0,23	3,60	—	9,85
Ringradiatoren	1400	1330	1205	60	200	0,55	—	2,2	6,90
	1070	1000	873	,,	,,	0,42	—	1,8	7,01
	735	665	540	,,	,,	0,28	—	1,2	7,01
	570	500	375	,,	,,	0,22	—	0,9	7,33
	470	400	275	,,	,,	0,18	—	0,7	7,50
Wiesbaden	1260	1180	1090	50	200	0,47	5,6	2,5	7,96
	1070	990	900	,,	,,	0,39	4,6	2,2	7,90
	840	765	675	,,	,,	0,30	3,6	1,7	7,85
	740	665	575	,,	,,	0,26	3,1	1,5	7,82
	670	595	505	,,	,,	0,23	2,7	1,3	7,74

Tafel 38.
Viersäulige Radiatoren.

Modell	A	B	E	D	C	F	G	I	F:f
Stabulo	1060	990	900	45	245	0,50	6,2	2,25	11.23
	715	645	555	,,	,,	0,32	4,3	1,42	11,01
	660	590	500	,,	,,	0,30	4,0	1,29	11,30
Ringradiatoren	1400	1330	1205	60	250	0,69	—	2,8	8,65
	1070	1000	873	,,	,,	0,53	—	2,3	8,85
	735	665	540	,,	,,	0,35	—	1,5	8,78
	570	500	375	,,	,,	0,28	—	1,1	9,33
	470	400	275	,,	,,	0,23	—	0,9	9,59

Tafel 39.

Abmessungen der schmiedeeisernen Gas- und starkwandigen Heizungsrohre.

Benennung Zoll engl.	Innendurchmesser		Außendurchmesser	Oberfläche	Querschnitt		Inhalt		Gewicht	
	Gasrohr mm	Heizungsrohr mm	mm	m²/m	Gasrohr cm²	Heizungsrohr cm²	Gasrohr l/m	Heizungsrohr l/m	Gasrohr kg/m	Heizungsrohr kg/m
$1/8$	6	—	10	0,031	0,28	—	0,03	—	0,40	...
$1/4$	9	—	13	0,041	0,64	...	0,06	.	0,57	...
$3/8$	12	11,25	16,5	0,052	1,13	1,00	0,11	0,10	0,82	0,88
$1/2$	15	14,50	20,5	0,064	1,77	1,65	0,18	0,17	1,15	1,26
$5/8$	18	—	24	0,075	2,55	—	0,26	—	1,50	—
$3/4$	20	20,00	26,5	0,083	3,14	3,14	0,31	0,31	1,72	1,87
$7/8$	24	—	30	0,094	4,52	—	0,45	—	2,25	...
1	26	25,50	33	0,104	5,31	5,11	0,53	0,51	2,44	2,08
$1^1/_4$	34,5	34,00	42	0,132	9,35	9,08	0,94	0,91	3,40	3,74
$1^1/_2$	40	39,50	48	0,151	12,57	12,25	1,26	1,23	4,20	4,62
$1^3/_4$	44	43,25	52	0,163	15,21	14,69	1,52	1,47	4,60	5,06
2	51	49,50	59	0,185	20,43	19,24	2,04	1,92	5,80	6,38
$2^1/_4$	60	—	69	0,217	28,27	—	2,83	—	6,80	...
$2^1/_2$	66	65,50	76	0,239	34,21	33,70	3,42	3,37	7,70	9,10
$2^3/_4$	71	—	81	0,255	39,59	—	3,96	—	8,90	—
3	79	—	89	0,280	49,02	—	4,90	—	10,00	—
$3^1/_2$	92	—	102	0,320	66,48	—	6,65	—	11,50	...
4	104	—	114	0,358	84,95	—	8,50	—	13,50	—

Bearbeitet nach der Normaltabelle des Röhren-Syndikates. Die Werte sind angenähert, d. h. kleinen Schwankungen unterworfen.

Tafel 40.

Abmessungen der Siederohre.

Benennung Zoll engl.	Innerer Durchm. mm	Äußerer Durchm. mm	Oberfläche m²/lfd. m	Querschnitt cm²	Inhalt l/lfd. m	Gewicht kg/lfd. m
$1^1/_2$	33,5	38	0,119	8,8	0,88	1,97
$1^5/_8$	37	41,5	0,130	10,8	1,08	2,17
$1^3/_4$	40	44,5	0,140	12,6	1,26	2,32
$1^7/_8$	43	47,5	0,149	14,5	1,45	2,49
2	46,5	51	0,160	17,0	1,70	2,97
$2^1/_8$	49,5	54	0,170	19,2	1,92	3,15
$2^1/_4$	51,5	57	0,179	20,8	2,08	3,65
$2^3/_8$	54	60	0,189	22,9	2,29	4,20
$2^1/_2$	57,5	63,5	0,200	26,0	2,60	4,45
$2^3/_4$	64	70	0,220	32,2	3,22	4,90
3	70	76	0,239	38,5	3,85	5,35
$3^1/_4$	76,5	83	0,261	46,0	4,60	6,35
$3^1/_2$	82,5	89	0,280	53,5	5,35	6,78
$3^3/_4$	88,5	95	0,299	61,5	6,15	7,30
4	94,5	102	0,320	70,1	7,01	9,01
$4^1/_4$	100,5	108	0,339	79,3	7,93	9,56
$4^1/_2$	106,5	114	0,358	89,1	8,91	10,10
$4^3/_4$	113	121	0,380	100,3	10,03	11,46
5	119	127	0,399	111,2	11,12	12,03
$5^1/_4$	125	133	0,418	122,7	12,27	12,65
$5^1/_2$	131	140	0,440	134,8	13,48	14,90
$5^3/_4$	137	146	0,459	147,4	14,74	15,56
6	143	152	0,478	160,6	16,06	16,22
$6^1/_4$	150	159	0,500	176,7	17,67	17,00
$6^1/_2$	156	165	0,518	191,1	19,11	17,65
$6^3/_4$	162	171	0,537	206,1	20,61	18,31
7	169	178	0,559	224,3	22,43	19,08
$7^1/_2$	180	191	0,600	254,5	25,45	24,93
8	192	203	0,638	289,5	28,95	26,60
$8^1/_2$	203	216	0,679	323,7	32,37	33,20
9	216	229	0,719	366,4	36,64	35,30
$9^1/_2$	228	241	0,757	408,3	40,83	37,20
10	241	254	0,798	456,2	45,62	39,50
$10^1/_2$	253	267	0,839	502,7	50,27	44,50
11	264	279	0,877	547,4	54,74	49,60
$11^1/_2$	277	292	0,917	602,6	60,26	52,10
12	290	305	0,958	660,5	66,05	54,70
$12^1/_2$	302	318	0,999	716,3	71,63	60,50

Bearbeitet nach der Normaltabelle des Röhren-Syndikates.

Tafel 41.

Sicherheitsvorrichtungen für Warmwasserheizungsanlagen

nach den preußischen Ministerialvorschriften vom 5. Juni 1925 und den sächsischen Vorschriften vom 3. Juli 1915.

Die Leitungen reichen aus bis zu einer Kesselheizfläche in m².

Rohr-durch-messer	Nach den preußischen Vorschriften						
	als offene Sicherheits-leitung	als Umgehungs-leitung geringer Länge[1])	als Umgehungs-leitung größerer Länge[2])	als Sicherheits-ausdehnungs-leitung geringer Länge[3])	als Sicherheits-rücklauf-leitung geringer Länge[3])	als Sicherheits-ausdehnungs-leitung größerer Länge[4])	als Sicherheits-rücklaufleitung größerer Länge[4])
25,5	4,5	4,1	—	8	10	—	—
34,0	10,2	8,0	4,1	20	36	8	10
39,5	15,5	11,2	8,0	30	58	20	36
49,5	28	18,9	11,2	56	115	30	58
57,5	42	26,6	18,9	84	180,6	56	115
64,0	60,0	34,0	26,6	120,0	240,1	84	180,6
70,0	77,2	42	34,0	151,2	302,5	120,0	240,1
76,5	99,0	50	42	189,1	378,2	151,2	302,5
82,5	122,4	60	50	227,8	455,6	189,1	378,2
88,5	149,1	70	60	270,1	540,2	227,8	455,6
94,5	179,3	80	70	316,0	632,0	270,1	540,2
100,5	213,1	95	80	365,5	731,0	316,0	632,0
106,5	250,8	109,7	95	418,6	837,2	365,5	731,0

Rohr-durch-messer	Nach den sächsischen Vorschriften[5])				
	als Sicher-heitsleitung ohne Rücklauf bis 50 m Gesamtlänge	als Sicher-heitsleitung von 50—100 m Gesamtlänge	als Sicher-heitsleitung von 100—150 m Gesamtlänge	als Sicher-heitsleitung von 150—200 m Gesamtlänge	als Sicher-heitsleitung von mehr als 200 m Gesamtlänge
25,5	3,9	3,1	2,6	2,2	2,0
34,0	7,2	5,8	4,8	4,0	3,5
39,5	11,1	7,8	6,5	5,6	4,9
49,5	20,3	14,0	11,6	10,0	8,7
57,5	27,4	21,9	18,2	13,5	11,8
64,0	37,9	27,1	22,6	19,3	14,6
70,0	45,3	36,2	27,0	23,1	20,2
76,5	65,8	43,2	36,0	27,6	24,2
82,5	76,4	61,1	42,0	36,0	28,2
88,5	87,9	70,3	48,2	41,4	36,1
94,5	100,0	80,2	66,8	47,1	41,2
100,5	113,0	90,6	75,5	64,6	46,6
106,5	127,0	102,0	85,0	72,8	63,7

[1]) Länge der Umgehung nicht über 3 m, der Ausblaseleitung 15 m.
[2]) Länge der Umgehungsleitung über 3 m, der Ausblaseleitung über 15 m.
[3]) Horizontalweg nicht über 20 m, Zahl der Richtungsänderungen nicht über 8.
[4]) Horizontalweg über 20 m, Richtungsänderungen mehr als 8.
[5]) Kleine Abweichungen werden auf dem Dispenswege für besondere Fälle genehmigt.

Tafel 42.

Farbenbezeichnung bei Wasserheizungsplänen.

Wasserheizkörper . . . . blau angelegt
Wasservorlauf (Zuleitung) . . . . zinnoberrot
Wasserrücklauf (Rückleitung) . . . . blau (preußisch blau)
Luftleitungen (Entlüftung) . . . . braun
Überläufe . . . . blau (hellblau).

HEIZUNG ⬧ LÜFTUNG

Lehrbuch der Lüftungs- und Heizungstechnik. Mit Einschluß der wichtigsten Untersuchungsverfahren. Von Dipl.-Ing. Dr. L. Dietz. 2. umgearbeitete und erweiterte Auflage. 710 Seiten, 337 Abb., 12 Tafeln. 8°. 1920. Brosch. M. 14.—; geb. M. 15.20.

Heizung u. Lüftung, Warmwasserversorgung, Beleuchtung und Entnebelung. Leitfaden für Architekten und Bauherren von Priv.-Doz. Ing. M. Hottinger. 300 S., 210 Abb. 64 Zahlentaf. 8°. 1926. Brosch. M. 14.50; in Leinen M. 16.50.

Warmwasser. Erzeugung und Verteilung. Ein Hand- und Lehrbuch für Ingenieure, Architekten und Studierende. 3. neubearbeitete Auflage. Von Wilhelm Heepke. 571 S., 427 Abb., 90 Tabellen. 8°. 1929. Brosch. M. 26.—, Leinen M. 28.—.

Die Städteheizung. Bericht über die vom Verein Deutscher Heizungs-Ingenieure E. V. einberufene Tagung vom 23. und 24. Oktober 1925 in Berlin. Herausgegeben von Dipl.-Ing. J. Fichtl, Priv.-Doz. Dr. A. Marx und Ing. O. Fröhlich. 212 S. 12 Abb. Gr.-8°. 1927. Broschiert M. 8.—.

Gesundheitstechnik im Hausbau. Von Professor R. Schachner. 445 Seiten, 205 Abb., 1 Tafel, zahlreiche Tab. Gr.-8°. 1926. Broschiert M. 20.—; in Leinen gebunden M. 22.—.

Die Heizungsmontage. Ein Handbuch für die Praxis von Dipl.-Ing. Otto Ginsberg.
I. Teil: **Material und Werkzeuge.** 2. neubearbeitete Aufl. 185 S., 199 Abb. 9 Taf. Kl.-8°. 1929. Leinen M. 5.50.
II. Teil: **Montage der Anlagen.** 108 Seiten, 81 Abb. Kl.-8°. 1926. Kart. M. 3.20.

Bestimmung der Rohrweiten von Dampfleitungen, insbesondere von Niederdruck- und Unterdruck-Dampfleitungen. Von Joh. Schmitz, Obering. 4 Seiten Text, 18 Tafeln. 4°. 1925. Broschiert M. 4.—.

Hermann Recknagels Hilfstafeln zur Berechnung von Warmwasserheizungen. Vollständig neu bearbeitet von Dipl.-Ing. Otto Ginsberg. 5. Aufl., 41 Taf., DIN A 4. 1929. Brosch. M. 4.—.

Die Grundlagen der Dampfmessung nach dem Differenzdruckprinzip. Von W. E. Germer. 58 Seit., 29 Abb., 1 Taf. 8°. 1927. Kart. M. 2.—.

Die Berechnung der Warmwasserheizungen. Von Herm. Recknagel. 3. Aufl. vollständig neu bearbeitet von Otto Ginsberg. 53 Seiten, 26 Abb., zahlreiche Tabellen. 4°. 1927. Brosch. M. 7.50.

Taschenbuch für Heizungs-Monteure. Von Bruno Schramm. 8. erweiterte Aufl. 168 Seit., 146 Abb. Kl.-8°. 1927. In Leinen geb. M. 4.20.

Elektrische Temperaturmeßgeräte. Von Dr.-Ing. G. Keinath. 284 Seiten, 219 Abb. Gr.-8°. 1923. Broschiert M. 9.20; geb. M. 11.—.

Anleitung zu genauen technischen Temperaturmessungen. Von Prof. Dr. O. Knoblauch und Dr.-Ing. K. Hencky. 2., völlig neu bearbeitete Auflage. 190 Seiten, 74 Abb. 8°. 1926. Broschiert M. 8.20; gebunden M. 11.—.

Leitfaden für die Rauch- und Rußfrage. Von Direktor A. Reich. 391 Seiten, 64 Abb. 8°. 1917. Gebunden M. 9.—.

Altrömische Heizungen. Von Ing. O. Krell. 123 Seiten. 39 Abb. 8°. 1901. Broschiert M. 2.—

Die Wärmeabgabe des Radiators. Von Dr.-Ing. Karl Thomas. 26 Seiten, 42 Abb., 16 Zahlentafeln. 4°. 1928. Broschiert M. 4.— (für Bezieher des „Gesundheitsingenieur" M. 3.40).

Über die Wärmeabgabe geheizter Rohre bei verschiedener Neigung der Rohrachse. Von Dr.-Ing. Werner Koch. 29 Seiten, 51 Abb., 35 Zahlentafeln. 4°. 1927. Broschiert M. 4.80 (für Bezieher des „Gesundheitsingenieur" M. 4.10).

Einrichtungen zur Feststellung des Wirkungsgrades eiserner Zimmeröfen. Messungen kleiner Geschwindigkeiten strömender Medien. Von Dr.-Ing. Olaf Falck. 17 Seiten, 44 Abb. 4°. 1927. Broschiert M. 2.80 (für Bezieher des „Gesundheitsingenieur" M. 2.40).

Feuerungstechnische Rechentafel. Zum prakt. Gebrauch für Dampfkesselbesitzer, Ingenieure, Betriebsleiter, Techniker usw. Nach Dipl.-Ing. Rud. Michel. 4. Aufl. 8. S., 1 Taf. 4°. 1925. Brosch. M. 2.50.

Wärmetechnische Berechnung der Feuerungs- und Dampfkesselanlagen. Taschenbuch mit den wichtigsten Grundlagen, Formeln, Erfahrungswerten und Erläuterungen für Bureau, Betrieb und Studium. Von Ing. Fr. Nuber. 5. erweit. Aufl. 130 S., 10 Abb., Kl.-8°. 1929. In Leinen geb. M. 3.50.

Heimtechnik. Von Dr.-Ing. Ludwig Schultheiß. 168 S., 127 Abb., 23 Zahlentafeln. Gr.-8°. 1929. Brosch. M. 8.50.

Architekt und Zentralheizungen. Von Reg.-Baumeister Georg Recknagel. 2. Aufl. 55 S., 14 Abb. 8°. 1929. Brosch. M. 1.40.

Die Heizerausbildung. Buchausgabe der Unterrichtsblätter für Heizerschulen. Von Reg.-Obering. H. Spitznas. 2. Aufl. 271 S., 59 Abb., 8 Tab. 2 Schaubild. Gr.-8°. 1924. Brosch. M. 4.50, geb. M. 5.50.

• • • • • • • • •

R. OLDENBOURG, MÜNCHEN 32 UND BERLIN W 10

Druck von R. Oldenbourg, München

www.ingramcontent.com/pod-product-compliance
Lightning Source LLC
Chambersburg PA
CBHW081427190326
41458CB00020B/6120

9 783486 757316